地球
知识

绿 地

地球知识编委会　编著

中国大百科全书出版社

图书在版编目（CIP）数据

绿地 / 地球知识编委会编著 . -- 北京 ：中国大百
科全书出版社，2025. 1. --（地球知识）. -- ISBN 978-
7-5202-1837-5

Ⅰ . S731.2-49

中国国家版本馆 CIP 数据核字第 202564AT42 号

总 策 划：刘　杭　　郭继艳
策划编辑：王　　阳
责任编辑：王　　阳
责任校对：梁嬿曦
责任印制：王亚青
出版发行：中国大百科全书出版社有限公司
地　　　址：北京市西城区阜成门北大街 17 号
邮政编码：100037
电　　　话：010-88390811
网　　　址：http://www.ecph.com.cn
印　　　刷：唐山富达印务有限公司
开　　　本：710mm×1000mm　1/16
印　　　张：10
字　　　数：100 千字
版　　　次：2025 年 1 月第 1 版
印　　　次：2025 年 1 月第 1 次印刷
书　　　号：ISBN 978-7-5202-1837-5
定　　　价：48.00 元

总　序

这是一套面向大众、根植于《中国大百科全书》第三版（以下简称百科三版）的百科通俗读物。

百科全书是概要记述人类一切门类知识或某一门类知识的完备的工具书。它的主要作用是供人们随时查检需要的知识和事实资料，还具有扩大读者知识视野和帮助人们系统求知的教育作用，常被誉为"没有围墙的大学"。简而言之，它是回答问题的书，是扩展知识的书。

中国大百科全书出版社从 1978 年起，陆续编纂出版了《中国大百科全书》第一版、第二版和第三版。这是我国科学文化建设的一项重要基础性、标志性、创新性工程，是在百年未有之大变局和中华民族伟大复兴全局的大背景下，提升我国文化软实力、提高中华文化国际影响力的一项重要举措，具有重大的现实意义和深远的历史意义。

百科三版的编纂工作经国务院立项，得到国家各有关部门、全国科学文化研究机构、学术团体、高等院校的大力支持，专家、学者 5 万余人参与编纂，代表了各学科最高的专业水平。专家、作者和编辑人员殚精竭虑，按照习近平总书记的要求，努力将百科三版建设成有中国特色、有国际影响力的权威知识宝库。截至 2023 年底，百科三版通过网站（www.zgbk.com）发布了 50 余万个网络版条目，并陆续出版了一批纸质版学科卷百科全书，将中国的百科全书事业推向了一个新的高度。

重文修武，耕读传家，是我们中国人悠久的文化传承。作为出版人，我们以传播科学文化知识为己任，希望通过出版更多优秀的出版物来落实总书记的要求——推动文化繁荣、建设中华民族现代文明，努力建设中国式现代化强国。

为了更好地向大众普及科学文化知识，我们从《中国大百科全书》第三版中选取一些条目，通过"人居环境""科学通识""地球知识""工艺美术""动物百科""植物百科""渔猎文明""交通百科"等主题结集成册，精心策划了这套大众版图书。其中每一个主题包含不同数量的分册，不仅保持条目的科学性、知识性、准确性、严谨性，而且具备趣味性、可读性，语言风格和内容深度上更适合非专业读者，希望读者在领略丰富多彩的各领域知识之时，也能了解到书中展示的科学的知识体系。

衷心希望广大读者喜爱这套丛书，并敬请对书中不足之处给予批评指正！

《中国大百科全书》编辑部

"地球知识"丛书序

地球是已知的唯一存在生命的天体，是一个充满生命和活力的星球，其独特的地理和环境条件为生命的诞生和繁衍提供了可能。同时，人类也在不断探索和利用地球资源的过程中，努力寻求与地球和谐共生的方式。本套丛书选择了森林、绿地、湿地和海洋四类与人类生存和发展息息相关的地球资源加以介绍，因为它们的价值以及为人类文明的发展和延续提供的助益难以估量。

为便于广大读者了解地球知识，编委会依托《中国大百科全书》第三版世界地理、中国地理、生态学、林业、人居环境科学等学科各分支领域内容，精心策划了"地球知识"丛书。丛书编为《森林》《绿地》《湿地》《海洋》等分册，图文并茂地介绍了这几类地球资源的分布、功能、重要性与保护措施。

森林在人类发展的早期阶段扮演着至关重要的角色，为人类提供了食物、生活材料和庇护。如今，人们更加关注的是森林的生态效益，是其在净化空气、涵养水源、保持水土、防风固沙等方面所起到的不可替代的作用。绿地是用于改善生态、保护环境、美化景观和为居民提供游憩场地的城市绿化用地，在城市生活中可谓随处可见。防护绿地、生产绿地、公园绿地、附属绿地，都在默默地为改善城市环境、提高居民生活质量做着贡献。湿地是地球上不可或缺的生态系统，人们所熟知的沼泽、滩涂、泥炭地等都属于这一范畴。其主要功能集中在调蓄水源、净化水质、调节气候和提供野生动物栖息地等方面。海洋是浩瀚而神秘的，其覆盖了地球表面的 71%，但人们只探索了其中的 5%。它为人类提供了丰富的资源和生态服务，许多民族的传统文化和神话故事都与它紧密相关，它早已成为人类文化和精神生活的重要组成部分。

希望通过《中国大百科全书》第三版大众版"地球知识"丛书的出版，帮助读者朋友进一步了解人类的共同家园——地球，在收获知识的同时，认识到维护生态平衡的重要性，重视对地球环境和资源的保护，为地球的未来贡献自己的力量。

地球知识丛书编委会

目 录

第2章 绿地功能 51

第3章 绿地布局 55

第7章　绿地系统规划　101

第1章

绿地分类

防护绿地

防护绿地是城市中（建成区范围内的）具有卫生、隔离、安全、生态防护功能的绿地。

防护绿地是城市绿地的一类形式，在改善城市环境和维护城市生态平衡中起到重要作用，是城市绿地系统的重要组成部分。防护绿地通常具有独立的空间形态，呈片状或带状分布于城市周围或若干地段，对自然灾害和城市公害起到一定的预防或减弱的作用，对城市环境起到整体性或区域性的保护作用，显著改善和提高城市生态环境质量。防护绿地包括卫生隔离防护绿地、道路，以及铁路防护绿地、高压走廊防护绿地、公用设施防护绿地等。

防护绿地结构是影响城市防护效益发挥的关键因素，基于防护需要的差异，防护绿地规模、形式、树种、间

防护绿地

距都有不同的标准和要求，需要综合考虑污染源，以及绿地、植物的特定情况，也需要兼顾防护对象和防护绿地统一联系的要求，组成一个层次分明的整体。

城市高压走廊绿带

城市高压走廊绿带是根据同一或不同高压线下的不同电场辐射强度，布置一定宽度、不同树种搭配的防护绿地，以过滤、吸收和阻隔电磁辐射，起到安全隔离作用的绿化带。

高压线走廊绿带内可作以果园、花圃、草圃、苗圃等特种精细林业，以绿色植物为主的观光园艺、休闲林业项目；不适宜建造建筑物、种植高大乔木，植物的高度不得超过 6 米，以充分保障电力设施的安全。

对于电压较低的高压线下绿地，高压线下防护绿地可以与游憩功能相结合。人类活动的区域应设置于高压线下安全可利用区域中。基于高压走廊下的安全因素，必须限制如放风筝、飞盘、垂钓、烟火表演、大型游乐设施等项目开展，控制场地内的小品、构筑物高度。对于 500 千伏、1000 千伏的高压线下，周边电场较大，不建议设置游憩设施。

城市组团隔离带

城市组团隔离带是为避免城市各个组团相互干扰、无序蔓延，利用自然地理条件，规划设置生态敏感区而成的绿化隔离带。

城市组团隔离带在空间上划分城市各个区，成为各个功能区的边界，起到隔离、滞尘、隔音、降噪、挡风、绿化美化的作用，有利于提升城市环境质量；保持区域绿色空间的延续，有利于构建城乡一体的绿色生态体系；为市民提供观赏休闲去处，保护其不受城市其他建设用地的侵占；在生态、社会、形象服务功能上为相邻片区提供过渡软连接，发挥联系作用。

道路防护绿地

道路防护绿地是位于道路红线之外的带状绿地。

道路防护绿地一般在城市快速干道或城市外围道路两侧设置，包括建成区范围内的公路、铁路及轨道交通两侧的绿地。其目的是保护路基免受自然灾害的侵袭，防止水土流失；降低噪声污染，减少交通对周边用地的干扰。研究表明，宽度在 10 米以上的道路防护绿地能显著降低道路空气细菌污染浓度，改善空气质量。

道路防护绿地

防风林

防风林是保护城市免受风沙、粉尘等侵袭的林地。

防风林一般位于城市外围，在被保护的上风方向规划建设总宽度100 ～ 200 米的防风林带。城市防风林可以有效地阻止大风的侵袭，在冬季能降低 20% 的风速，还可以缓解冷空气的侵袭。

防风林一般与主导风向和常年盛行风向作垂直布置。如受地形或其他因素限制，可有30°偏角，但不得大于45°，最好将防风林设置在棱线或崖边。防风林应栽植成宽度为10～20米的正三

防风林

角形，种植5～7列树，间隔为1.5～2.0米。防风林通常由多带组成，每一带有不小于10米的主林带和与主林带垂直的、宽度不小于5米的副林带，以便阻挡从侧面吹来的风。防风林带所能起作用的距离，一般约在树高12倍以上、20倍以内。通常在上风方向种植低树，下风侧种植高树，使全体树木分担风压，以减轻风造成的损失。宜选用深根性或侧根发达的乡土树种组成防风林。

滨水防护绿地

滨水防护绿地是滨水空间的缓冲绿地。

滨水防护绿地属于城市防护林的一种。在不破坏水利防洪和海防设施的前提下，滨江堤下迎水面规划建设防浪林，不仅能减缓水位上涨时水浪对驳岸的冲击力，起到固岸的作用，而且乔木、灌木还可以过滤雨水带来的城市地表垃圾，补充地下水，调节地表径流，改善水质。理想防洪效果是距离堤岸20～30米植树。树种选择耐水淹浸植物。滨海防护林如红树林、木麻黄林等对降低海浪、海风、海潮对城区的侵袭有着

巨大的作用。

环城绿带

环城绿带是在城市周围建设的绿色植被带,是城市生态廊道的一种,能有效抑制城市过度扩展,将城市与自然生态有机结合,促进城市可持续发展。

环城绿带规划思想产生于19世纪末。英国是最早建设环城绿带的国家。1898年,英国社会活动家霍华德在《明天:通往真正改革的和平之路》一书中提出了田园城市理论,他认为城市发展到一定规模之后,城市外围应设置宽阔的绿带,将城市与乡村紧密结合。1902年,他将该书的第二版更名为《明日的田园城市》,并在书中阐述在城市周围设计宽度为8千米或更宽一些的环形绿带,来限制城市规模、保护耕地。1927年,R.恩温在编制大伦敦区域规划时,建议用一圈绿带把已有的城市地区圈住,以控制其向外发展,将更多的人和就业岗位疏散到周边的"卫星城镇";卫星城与"母城"之间保持一定的距离,用农田或绿带隔离,两者保持便捷的交通联系。1938年,英国迫于市郊环境保护组织的压力,制定《绿带法》,用法律形式保护伦敦和附近各郡城市周围的大片地区,限制城市用地的膨胀。1947年,《英国城镇与乡村规划法》中确定在伦敦市区周围保留宽度为13~14千米、面积为5780平方千米的环城绿带用地,明确提出"环城绿带"这一概念。伦敦环城绿带保障了建成区有序发展,对引导城市格局形成起到了重要作用,是英国规划工作取得的最为引人注目的成果,也成为世界各国的典范。20

中国安徽合肥市容

世纪 50 年代以来，世界上一些大城市，如法国的巴黎，德国的柏林、法兰克福，俄罗斯的莫斯科，加拿大的渥太华等，均规划与建设了环城绿带。从实施效果看，环城绿带对控制城市格局，改善城市环境，提高城市居民生活质量具有显著作用。中国的北京、上海、天津、合肥、武汉等城市借鉴国际环城绿带的建设经验，也都先后进行了环城绿带实践。

环城绿带在控制城市扩张的同时保护和改善着城市生态环境质量，其主要功能体现在：①有利于增强城市的自然生态功能，改善大气环境和水环境，调节小气候并为野生动植物提供生境和栖息地，进而提高城市生物多样性。②构成城市发展的绿色屏障，缓解城市与自然之间的矛盾冲突，为人们提供更广阔的绿色郊野空间和休闲游憩场所，提高市民的生活品质。③随着环城绿带旅游的发展，可以促进郊区经济的发展，实现城乡一体化。

卫生隔离带

卫生隔离带是城市非工业区（包括居住区、商业区、文教区、机关行政区、水源地等）与传染病医院、工业用地、石油气站、氧化塘、垃圾处理厂等之间规划建设的绿带。

卫生隔离带主要用于吸收、稀释、过滤、减弱、屏蔽污染源散发出的有害气体、有害物质的影响，也是隔离病毒、细菌、真菌，防止疾病传播的有效措施，此外还有通风、净化空气、产生氧气、健康人体和防灾等功能。

卫生隔离带可以平行地营造1～4条主要防护林带，并适当布置垂直的副林带，林带的间隔和宽度视防护、隔离因素差异而各异。卫生隔离带树种尽量选用对有害

污水处理厂绿化

物质抗性强或能吸收有害物质的乡土树种。卫生隔离带附近在污染范围内不宜种植粮食，以及油类作物、蔬菜、瓜果等，以免引起食物慢性中毒，但可种植棉、麻及工业油料作物等。

附属绿地

道路与交通设施绿地

道路与交通设施绿地是为了改善城市生态环境、组织城市道路交通、彰显城市特色文化，对城市道路及交通设施用地进行绿化而营造的绿地。

《城市道路绿化规划与设计规范》（CJJ 75—97）中规定：园林景观路绿地率不得小于40%；红线宽度大于50米的道路绿地率不得小于30%；红线宽度在40～50米的道路绿地率不得小于25%；红线

宽度小于 40 米的道路绿地率不得小于 20%。道路与交通设施绿化的实施范围主要包括：①人行道绿化。②分车带绿化。③交通岛绿化。④立交桥绿化。⑤停车场绿化。⑥交通枢纽绿化。

道路与交通设施绿地

分车绿带

分车绿带是车行道之间的绿化隔离带。

常见的分车带绿化包括：①分隔上下行机动车道的中间分车绿带；②机动车道与非机动车道之间或同向机动车道之间的两侧分车绿带。根据《城市道路绿化规划与设计规范》（CJJ 75—97）的规定：分车绿带的宽度大于或等于 1.5 米时，应以种植乔木为主，辅以灌木与地被植物；若宽度小于 1.5 米，应以种植灌木为主，并与地被植物结合。对于车速较大、车流量大的城市主干路，其分车绿带宽度不宜小于 2.5 米。中间分车绿带应阻挡相向行驶车辆的眩光，在距相邻机动车道路面高度 0.6 ～ 1.5 米的范围内，配置的植物树冠应常年枝叶茂密，

中间分车绿带

其株距不得大于冠幅的 5 倍。两侧分车绿带应避免乔木树冠在机动车道上方搭接。被人行横道或道路出入口切断的分车绿带，其端部应采取通透式配置，即分车绿带的端部树木在距相邻机动车道路面高度 0.9 ～ 3.0 米的范围内，其树冠不遮挡驾驶员视线。

除了最大限度满足城市道路交通安全，分车绿带还应重点考虑形式美法则，以缓解驾驶员的精神疲劳。通常要求：①中间分车绿带宽度应大于两侧分车绿带宽度。②城市道路越宽，

两侧分车绿带

分车绿带宽度越大。③分车绿带宽度与车行道之间的宽度比例控制在 1：10 ～ 1：5 为宜。④分车绿带高度可有起伏变化，植物配置丰富多样。

港口绿化

港口绿化在满足美化港口环境的同时，体现着地区经济发展水平、地域文化特征，反映着历史风貌等内容。

港口绿化需要依据港口用地不同区域属性进行合理布置，包括景观天际线设计、港口陆域绿化、港口交通绿化等内容。①景观天际线设计。港口多位于海湾内，绿化时应注意处理好港口建筑与周边环境天际线的层次关系，力求与整个海岸线融合协调。②港口陆域绿化。应满足生产、流通需求。仓储、堆场区周边的绿化选择病虫害少、树干通直、分枝点

港口陆域绿化

高的树种。同时兼顾防火要求，不宜种植针叶树和含油脂较多的树种，以稀疏栽植乔木为主，间距以 7～10 米为宜，简洁布置。堆场区的周围栽植生命力强、防火隔尘效果好的落叶阔叶树，并加以隔离。港口大门区域绿化起到分担人货流，避免杂乱的功能，又兼顾防尘抗噪、改善环境的作用，可选用多种植物，结合周边环境设施和建筑统一布置。办公区是人流集散最密集的地区，是整个港区绿化的重点和代表，其绿化应兼顾建筑风格和地域特色，营造一个舒适的办公环境。生活区绿化应给职工们创造各种园林空间环境，配置一定体育设施，构建良好的生活环境。③港口交通绿化。应将动态交通景观（道路绿化）与静态交通景观（停车场绿化）统一设计，注重沿线风景、道路结构和人工环境的协调统一。

工业绿地

工业绿地是城市工业用地内的绿地。

工业绿地包括工矿企业内的生产车间、库房及其附属设施等用地内的绿地，具有吸收有害气体和放射性物质、吸滞粉尘和烟尘、降低噪声、改善和调节局部或区域小气候等功能，在城市中占有十分重要的地位，直接影响着城市的环境质量和景观风貌。一般城市中，工业用地约占城市总用地的 15% ～ 30%，工业城市占比则可达 40% 以上。根据中国相关法律法规和技术规范的要求，工业用地的绿地率不宜大于 20%，产生有害气体及污染的工业用地根据生产运输流程、安全防护和卫生隔离要求可适当提高绿地率。

城市内的中小型工厂一般可供绿化的用地较少，工业绿地往往具有斑块面积小、布局见缝插针的特点。不同类型、不同性质的工厂内其绿化种植差异较大。为保证工厂的安全生产，工业绿地种植既要考虑工厂地上、地下、空中多种管线、构筑物、建筑物的安全要求，又要满足植物的正常生长条件，相比其他类型的绿地，具有较高的种植要求。

发电厂中绿地

行道树绿带

行道树绿带是人行道或车行道两侧的绿化隔离带。

行道树绿带的主要作用是满足车行、步行空间的遮阴效果。其绿带形式以种植行道树为主，适当辅以灌木与地被植物，形成连续绿带。

对行道树绿带的要求主要考虑城市道路等级、微气候环境及周边建筑对行道树绿带宽度、株行距、苗木胸径与定干高度的影响。①为了保证道路绿化树木正常生长，行道树绿带宽度不应小于 1.5 米，即行道树

行道树绿带

树干中心至路缘石外侧最小距离宜为 0.75 米；当行道树绿带设计为 3 米以上，则可采用乔木、灌木、花卉、草坪的复合绿化形式；当行道树绿带宽度为 6 ～ 10 米时，可种植两列高大乔木；当行道树绿带宽度大于 10 米时，可种植多列高大落叶乔木，适当配置常绿树、绿篱和地被植物。②行道树的定干高度取决于道路性质、距车行道的距离和分枝角度。种植行道树的苗木胸径，快长树不得小于 5 厘米，慢长树不宜小于 8 厘米。行道树在同一条干道上应相对保持一致，在路面较窄或有大型车辆通过的地段，定干高度以 3 ～ 3.5 米以上为宜；在较宽的路面或步行商业街道上，定干高度可降为 2.5 ～ 3.0 米，分枝角度小的树种可适当低些，但不可低于 2.0 米。③行道树株行距的确定，首先取决于成年后树冠能否形成较好的郁闭效果；其次，应适当调整株间距，避免树木与建成环境（架空线、建筑出入口、地面停车位、地下管线及其他设施）之间的矛盾。通常，高大乔木可以采用 6 ～ 8 米的定植株距；小乔木或窄冠型乔木可采用 4 米的极限株距（保证树木正常生长，以及消防、急救、抢险等车辆穿行）；若当初苗木规格较小，又需在较短时间形成遮阳效果，栽植时可缩小株距为 2.5 ～ 3 米，等树冠长大后再进行间伐，最后定植株距为 5 ～ 6 米。

机场绿化

机场绿化需在满足机场安全高效运营的基础上，营造舒适、美观和谐的环境空间，实现绿地的功能性、艺术性及科学性。

机场绿化原则：①绿化满足机场安全要求，机场跑道和滑行道中线两侧150米范围内不允许种乔灌木；机场内草地，选择对鸟类无吸引力、生长慢的乡土草种，定期喷洒化学药剂，消灭草地中的鸟类爱吃的小昆虫，减少机场绿地对鸟类的吸引。②机场飞行区存在空气和噪声污染，在建筑物附近临近飞行区一侧种植树林，乔木高度应符合机场净空要求，植物种类不会招引鸟类，有利于降低噪声、抗污染。

中国北京首都国际机场T3航站楼绿化景观

③机场要具备防灾抗灾的功能，候机楼等大型公共建筑周边设计相应规模的绿地，美化环境的同时可起到应急避难作用；机场油库周边避免种植高油脂植物，在重要的疏散通道周边设计较大的绿地空间，避免种植易燃植物。

交通岛绿化

交通岛绿化是改变机动车车行轨迹的岛状绿地。

交通岛绿化一般可分为3种类型：①中心岛绿地。一般位于道路交叉口中心，为引导车流环行的圆形（椭圆形）交通绿岛。②导向岛绿地。

一般位于道路交叉口转角部位，是将车流分为直行与转弯的三角形交通绿岛。③立体交叉绿岛。为互通式立体交叉干道与匝道围合的蝶形交通绿岛。

中心岛绿地

交通岛周边的植物配置宜增强导向作用，在行车视距范围内应采用通透式配置。中心岛绿地应保持各路口之间的行车视线通透，布置成装饰绿地；导向岛绿地常处于道路平面交叉口视距三角形内，根据《城市道路交叉口规划规范》（GB 50647—2011）的要求，其配置的地被植物不应高出道路平面标高 1.0 米；立体交叉绿岛应种植草坪等地被植物，以形成疏朗开阔的绿化效果。

立体交叉绿岛

交通枢纽绿化

交通枢纽绿化是满足多种交通方式（车站、码头、空港）换乘、转换的绿化隔离带。

交通枢纽绿化隔离带除了满足大规模人流、车流的集散要求，为市民创造疏朗清爽的环境以外，还彰显城市的特色风貌与地域文化。其实施范围主要包括：①交通枢纽的集散广场绿化。②交通枢纽的道桥绿化。

交通枢纽绿化规划设计的一般要求是：①公共活动广场周边宜种植高大乔木，集中成片种植，绿地不应小于广场总面积的25%，并宜设计成开放式，绿地植物配置宜疏朗通透。②车站、码头、机场的集散广场绿化应选择具有地方特色的树种，集中成片种植，其绿地率不宜小于广场总面积的10%。③沿广场周边及步行通道两侧种植高大乔木，起到遮阴、减噪的作用。④供休憩的绿地、

中国杭州东站交通枢纽广场绿化

中国北京南站交通枢纽道桥绿化

树池不宜设在被车流包围或主要人流穿越的地方。⑤封闭式绿地（草坪、花坛），起到交通岛与装饰广场的作用。

立交桥绿化

立交桥绿化是以立交桥为主体进行的绿化设计，有吸附有害气

体、滞尘降尘、削减噪声、
美化景观和提高行车安全性
等作用。

桥体防护栏绿化

立交桥绿化的实施范围
大致分为桥体绿化和桥周绿
化。桥体绿化又可细分为4
个部分：①桥体分车带绿化。
通常采用带状花坛（槽）的
绿化形式，花坛（槽）内配
置一定的具有观赏价值的园
林植物。②桥体防护栏绿化。
一般采用在防护栏底部设置
花槽和沿防护栏栽植草本攀
缘植物两种形式。③桥体墙

桥体墙面绿化

面绿化。主要利用藤本植物的攀爬特性或枝条下垂来进行绿化。④桥
柱（敦）绿化。一般选用攀缘植物或缠绕类植物依附立柱生长的绿化
方式。

桥周绿化可细分为两个部分：桥下绿化与边坡绿化。①桥下绿化。
因桥下空间相对低矮，供植物生长的空间有限，其绿化形式大多采用小
乔木＋灌＋草、灌＋草或单纯地被的绿化形式，其植物配置也多选用抗
污能力强的植物。②边坡绿化。一般用藤本植物或低矮的地被植物和草
皮来进行坡地绿化，用点植、行植的灌木进行美化装饰。

停车场绿化

停车场绿化是机动车停靠场地的绿化隔离带。

停车场绿化的实施范围大致分为：①停车场边缘绿带。停车场用地与其他用地之间的绿化隔离带。②停车场内部绿带。单元停车位之间的绿化隔离带。③停车场铺装绿化。可透水、植草的地面铺装材料，如草坪砖和草坪护垫等。

停车场绿化的技术措施主要包括：①停车场边缘绿带宽度应大于 2.0 米，停车场内部绿带宽度应大于 1.5 米。②边缘绿带与内部绿带的绿化形式以乔木为主，起到庇荫保护、防护减噪的作用，有条件的可采用乔、灌、草相结合的复层种植形式。③乔木树干中心至路缘石距离应大于 0.75 米，乔木种植间距应以其树种壮年期冠幅为准，以不小于 4.0 米为宜。④停车场种植的庇荫乔木可

停车场边缘绿带

停车场铺装绿化

选择行道树种，树木枝下高度应符合停车位净高度的规定，即小型汽车为 2.5 米，中型汽车为 3.5 米，载货汽车为 4.5 米。

小区道路绿地

小区道路绿地是位于居住小区内道路单侧或两侧的绿化用地，归属于居住区附属绿地。

小区道路绿地将居住小区内的公共绿地、宅旁绿地、配套公建绿地等各类绿地自然连接，具有利于通风、改善小气候、降低交通噪声、保护路面、美化街景等作用，也对居住小区的生态、景观、游憩等各方面发挥作用。

小区道路绿地的设计应结合道路等级、横断面，地形地貌变化，周边建筑物情况，地上地下管线状况等综合考虑，可与公共绿地、宅旁绿地等统一布局，选择生长健壮、管理粗放、少病虫

航拍小区道路绿地

害及有经济价值的植物，形成层次分明、富于变化的小区道路景观。

居住小区内的道路分为小区路、组团路和宅间小路 3 个级别，其绿化设计随各级道路的功能不同而有各自特点：①小区路绿地设计。小区路是居住小区的主路，具有沟通小区内外关系、划分组团的功能。小区路路面宽 6 ～ 9 米，车流量较小，但绿化仍应考虑交通要求，注意降噪和防尘。小区路的绿化可每条路选择不同的树种和断面种植形式。②组团路绿地设计。组团路是居住小区的支路，主要用于沟通组团的内外联系。组团路路面宽 3 ～ 5 米，主要通行内部管理机动车、非机动车与行人。

组团路的绿化应与组团绿地主题呼应，多采用小乔木和花灌木，注意高矮、色彩的搭配及季相变化，形成各有特色的居住组团空间环境。③宅间小路绿地设计。宅间小路路面宽不宜小于2.5米，是进出住宅及庭院空间的道路，主要通行非机动车与行人，但要满足消防、救护车辆的通行，因此道路两侧的绿化种植应适当后退，以便必要时车辆驶近住宅。绿化形式一般不采用行道树的方式，可根据具体情况灵活布置，树种选择和配植方式应尽量多元化，形成不同植物景观，便于居民识别家门。

小区配套公建绿地

小区配套公建绿地是居住小区中公共建筑和公共服务设施用地范围内的绿化用地，归属于居住绿地。居住小区内的公共服务设施包括教育、医疗卫生、文化体育、商业服务、社区服务、金融邮电、市政公用等类型。

小区配套公建绿地由各使用单位管理，使用频率虽不如小区游园和组团绿地等公共绿地和宅旁绿地高，却同样具有改善居住环境小气候、美化环境、丰富居民生活的作用。该类绿地可以单

小区健身器材旁的绿地

独设置，也可结合小区内中心绿地统一规划建设。其绿地设计应考虑小区公共建筑和公共服务设施的功能要求，其次还要注意和周边绿化环境相协调、结合，使小区内绿地规划设计具有较强的整体性。

宅旁绿地

宅旁绿地是位于宅前、宅后及住宅之间的绿化用地，归属于居住区附属绿地。宅旁绿地在居住绿地中所占比重最大，但其面积不能计入居住小区公共绿地的指标统计。

宅旁绿地是住宅内部空间的延续和补充，与居民日常生活联系最为紧密，最便于邻里交往和儿童活动。同时，在居住绿地中宅旁绿地分布最广，使用频率最高，对居住环境质量和景观效果的影响也最明显。宅旁绿地的设计应结合住宅的类型、建筑平立面特点、宅间小路的形式等因素进行，形成公共、半公共、私密空间的有效过渡。绿地的设计应以绿化种植为主，同时考虑居民日常生活、休闲活动及邻里交往的需求，创造宜人的空间。植物配植要考虑季相变化和居民爱好，多使用乡土树种，同时也应创造特色，形成不同行列、不同住宅单元的识别标志，让居民有认同感和归属感。植物种植还应考虑与近旁建筑、管线和构筑物之间的关系，一方面避免乔灌木与各种管线及建筑基础的相互影响，另一方面避免植物影响低楼层居民的通风和采光。

宅旁绿地

随着住宅建筑的多层化空间发展，绿化向立体空间发展，如台阶式、平台式、连廊式等住宅建筑的绿化形式越来越丰富多彩，大大增强了宅旁绿地的空间特性。

组团绿地

组团绿地是结合居住组团设置的中心绿地，归属于居住绿地。

组团绿地是居住小区内最靠近住宅的公共绿地，主要为组团内居民，尤其是老年人和儿童提供活动和休息的场所。组团绿地可以看作是宅旁绿地的扩大或延伸，适宜更大范围的邻里交往，增加居民室外活动的层次，改善居住区生态环境也丰富建筑所包围的户外空间。绿地的设计既要考虑户外游赏者的景观感受，也要考虑不同楼层居民的俯瞰效果。

组团绿地的最小规模要求在 400 平方米以上，一般在 1000～2000 平方米为宜，封闭型绿地面积应大于开敞型绿地。组团绿地的位置可依据建筑组团的布局形式灵活安排，可采用组团中心布

居住区绿化游戏设施

置、两个组团之间布置、组团周边布置和组团的一角布置等，但同时需满足与组团级道路相邻，且有不少于 1/3 的绿地面积在标准的建筑日照阴影线范围之外的要求，而且要便于设置儿童的游戏设施并适于成人游憩活动。选址还要考虑步行距离的远近，一般离住宅入口最大距离在100 米左右。

组团绿地贴近住宅，使用率高，但规模较小，布局形式宜简洁，设置内容以静态的休憩活动为主，以减少对周围住户的噪声干扰。绿地内根据功能的不同灵活安排铺装场地、草坪花木、桌椅、简易儿童设施等，

园林小品宜精不宜多，可分设幼儿游戏场和成人休息场地，场地间以植物、小品、地面高差等分隔，有效地组织人流，互不干扰。绿地宜采用开敞式布局，可与宅旁绿地结合，形成开阔明快的空间氛围。

在一个居住区或居住小区中往往有多个组团绿地，这些组团绿地从布局、内容、构图形式、植物配置上应各有特色，增强可识别性，形成不同的组团空间特征，使居民有归属感和认同感。

公园绿地

雕塑公园

雕塑公园是将雕塑创作与园林设计相结合，在展示雕塑作品的同时，满足人们游憩活动的文化专类公园。

雕塑公园作为一种公园绿地类型，其建设需要满足的基本要求有：①满足公园设计规范中对专类公园的基本要求，如绿化占地比例宜大于或等于65%，具备必要的游憩活动设施等。②雕塑作品是雕塑公园游览的主要内容，不仅要达到一定的规模，而且要具备较高的艺术水准，能够成为公园文化建设的主体表达要素。③公园既是游憩活动的空间境域，也是展示雕塑作品的环境场所，只有园林空间与雕塑作品的相辅相成、有机结合，给人以园林美和艺术美的享受，才能创造出和谐统一的整体作品。④雕塑的体量往往要比公园的规模小很多，应在雕塑作品周围营造出适宜的空间环境，形成公园游憩空间和雕塑展示空间之间的过渡，丰富雕塑公园的空间层次，避免雕塑作品的体量与园林空间尺度的不协调。

在园林中设置雕塑的传统源自欧洲，希望借此创造出神与人合一的人间天堂。在古希腊宙斯神庙的圣林中，就布置有小型祭坛、雕像、瓶饰和瓮等。在古罗马皇帝哈德良的山庄中，围绕着花园、运河布置了大量来自希腊或希腊化时代的雕像。这些雕像设置在柱廊中，或者与柱廊的柱式相结合。在意大利文艺复兴园林和法国古典主义园林中，大量的雕像给人以精美的艺术感受，无论其审美功能还是摆放形式，都接近于现代雕塑公园。

真正意义上的雕塑公园产生于近代出现的户外临时雕塑展览，为了将雕塑作品放置在某地永久性展出，雕塑家们开始思考雕塑作品与景观环境的融合问题。建于 1910 年的挪威维格兰公园是世界上公认的现代雕塑公园的重要过渡形式，园中有青铜或花岗岩制作的 190 多组雕塑和650 多件浮雕作品，它们散置于园中却又彼此相互联系。此后，雕塑公园逐步发展成熟，不仅产生了雕塑公园的分类体系，而且出现了博物馆雕塑花园、大型雕塑公园、雕塑之径等不同的展示形式。

1984 年，中国第一座雕塑公园——北京石景山雕塑公园落成。50 余尊雕塑作品散布在树木草坪、亭台水榭之中，展现了园林艺术与雕塑作品相互映衬的公园特色。

随着现代艺术的发展，

莫埃来沼公园的钢骨三角锥与土台

雕塑公园建设开始寻求从展示雕塑作品到将公园本身作为雕塑作品，以及雕塑与公园一体化的转变。美籍日本裔雕塑家野口勇在其创作的莫埃来沼公园中，利用玻璃钢金字塔、钢骨架三角锥和圆丘形土台等元素，使整个公园看上去像一个巨大的卫星天线。而当鸟瞰整个公园时，这片场地给人的感觉与其说是公园，更像是秘鲁纳斯卡沙漠中的古老线条画。

现代雕塑公园已广泛出现于平原、高山、海岸等多种地貌之上，辽阔的空间和多变的自然环境使雕塑艺术向融汇自然风景、借用自然因素的方向发展。

动物园

动物园是按照科学方法，搜集并饲养各种野生动物（非家禽、家畜、宠物等家养动物），供公众观赏，提供科学普及和对公众进行动物保护宣传教育，并可进行野生动物的生态习性、遗传分类、驯化繁殖、疾病防治、迁地保护等相关科学研究的场所。

动物园在绿地系统中属于公园绿地中的专类公园。广义上的动物园也包括水族馆、专类动物园等类型；狭义上的动物园指城市动物园和野生动物园。动物园的基本功能是通过公众的游览，寓教于乐，提供生物多样性保护知识，进行动物保护教育，并开展野生动物的综合保护和科学研究。

◆ 发展情况

动物园的发展经历了从私人观赏到公共观赏，从圈养、笼养到场馆式展出，再到半开放式饲养，以及全开放式散养的过程。不同时期、不同地域和不同的社会、经济条件，制约着动物园的发展与演化。最早的动物园雏形是古代皇族们将从各地搜集的珍禽异兽圈养在皇宫里，供其观赏。早在公元前 4500 年的两河流域就有鸽子被笼养的历史记载。古埃及法老图特摩斯三世曾派人搜罗珍禽异兽，而他的继母哈特谢普苏特女王还曾派遣远征队捕获各种动物，包括猴子、美洲豹、各种鸟类、野牛等，甚至还有长颈鹿，带回供观赏。在中国，商纣王曾为妃子妲己修建了一座大理石的"鹿苑"。据《诗经·大雅》记载，周文王更是在酆京（今陕西西安沣水西岸）兴建灵台、灵沼，自然放养各种鸟、兽、虫、鱼，并在台上观天象、奏乐。而后的漫长岁月里，大型皇家宫苑中时常会辟有狩猎游乐的部分，而畜养收藏珍禽异兽不仅可供玩赏，也是统治者权势的象征。

古希腊则是从认知自然的角度对动物进行收集研究，亚里士多德曾撰写《动物的历史》。古罗马亚历山大大帝对动物知识也表现出浓厚的兴趣，他甚至不忘在征战中搜集各种动物。古罗马时期，动物——主要是猛兽则成为斗兽场的主角，变成残酷游戏的牺牲品。

中世纪时期，动物园发展进入低谷。直到 1333 年，法国的菲利普六世在巴黎卢浮宫举办了一次动物展，使得动物收藏又开始成为时尚。而几乎同一时期，中国元朝忽必烈的行宫里建成了饲养大量野生动物的皇家"动物园"。

欧洲文艺复兴为探险家们提供了许多机会到遥远的国度带回丰富的动物品种，并在宫殿和城堡里展出，客观上促进了动物园及相关的动物学、动物学教育的发展。但直到18世纪，动物还只是上流社会的玩物。随着世界各地社会变革的兴起，贵族权势的消退，动物的收藏和展示才逐渐大众化，并出现了一些具有初步组织性的"笼养动物园"。英国的亨利三世建立了"皇家动物园"，将许多动物关在特制的笼子里摆在伦敦塔外供其他贵族参观。法国的路易十四在他所有的城堡和行宫里都建有动物园。而最好的笼养动物园则是由印度莫卧儿王朝的皇帝阿克巴建立的。近代动物园始于1752年奥地利维也纳皇宫内建立的皇家动物园，从1765年对公众开放至今仍经久不衰。19世纪，随着动物学和其他自然科学的发展，动物园开始在全世界相继开放，英国于1828年在伦敦摄政公园成立了第一家现代动物园——摄政动物园，不仅为游人提供展示，还致力于研究这些野生动物的习性特点。当时的动物园已经开始依据科学分类对动物进行组织和饲养，并使动物园成为城市居民的休闲娱乐场所。20世纪初，世界范围内的动物园建设不仅在规模、动物种类和数量、饲养展示条件等方面有了很大的进步和提高，还进一步受到国家科学研究机构和私人财团的重视和资助，在科学研究领域有了更多的投入。

◆ 分区

现代动物园一般按照动物生态习性进行分区饲养和观赏，如食草动物、食肉动物、猿猴类、鸟类、两栖动物类等。大型动物园还会按照全球不同地理分布对动物进行分类展示，如欧洲区、美洲区、非洲区、亚洲区等。也有些动物园将两者结合进行布置。随着人们对动物科学和生态学的不断研究，动物园的设施也从一般的笼舍场馆逐渐进化为模拟动物生长的自然环境而设计的室外、半室外场馆空间，并不断和特有的植物、地形、水体，甚至自然气候环境（如极地动物园、热带动物园等）相结合，利用各种设计手段以及有保护设施的游览车等让游人可以近距离走进动物生存的环境，进行"浸入式"的参观。各国动物园及动物保护组织以自然保护区和动物园为基地开展越来越频繁的交流与合作，为增进全球动物保护与研究提供了更好的条件。进入 21 世纪，国际动物园园长联盟和圈养繁殖专家小组制定了"动物园发展战略"，提出了动物园和水族馆的自然保护目标：支持濒危物种及其生态系统的自然保护工作；为有利于自然保护的科学研究提供技术支持；增强公众的自然保护意识。

◆ 中国动物园

中国最早的动物园是始建于 1906 年的北京"万牲园"，原是晚清三贝子花园，当时仅占地 1.5 公顷，建有兽亭、虎舍、鸟室、水禽舍、象房等建筑，还有鸟兽标本陈列馆，后改为北京动物园。现全国大中城市基本都建有独立的动物园，或在公园内开辟园中园、动物展区。据中国动物园协会 2006 年统计，其会员单位已达 212 个，其中园中园占比为 55%，动物园为 29%。中国较为重要的大型动物园有北京、上海、广州、天津、哈尔滨、西安、成都、杭州、武汉等直辖市及省会城市的动物园。截至 2021 年，中国有一、二级保护动物 980 种，动物园饲养有 200 余种。此外，随着旅游业的持续发展，全国各地陆续建成一批面积较大，以散养为主的野生动物园，包括广州长隆野生动物园（该园还率先开辟了夜间动物园）、上海野生动物园和北京大兴野生动物园等，它们和一批高水准的水族馆、海洋世界、极地动物园等共同成为颇受欢迎的旅游目的地。

当代及未来的动物园在社会中扮演着重要角色，它们不仅是公众休闲娱乐的场

北京动物园正门

所，更承担着环境教育、保护濒危物种，以及开展动物研究等相关使命，为人们更好地认识和保护地球复杂的生态系统提供有力的支持。

儿童公园

儿童公园是单独设置的儿童游戏和接受科普教育的活动场所，在绿地系统中，属于公园绿地中的专类公园。

儿童公园能满足不同年龄儿童的需要，有良好的绿化环境，可供儿童游戏，以及开展科普、文体活动，并具有安全和完善的设施。按照相关规范，儿童公园面积宜大于2公顷，绿化率宜大于或等于65%。

中国广州儿童公园

早期的儿童公园由儿童游戏场所发展而来，最早可追溯到18世纪中叶的欧洲，随着城市居住区绿地与城市

公园的发展，到 20 世纪才出现专门的儿童公园。中国也在借鉴欧美等国家经验的基础上，进行了儿童公园创新性探索。其性质和内容也从最早的满足娱乐功能，以固定设施的砌筑和单一游戏场地的建设，逐渐走向更加贴近儿童心理特点，注重寓教于乐，结合各种参与式、互动式设施，以及亲切自然的绿色环境，激发儿童的自主能动性、创造性、想象力和探索、合作精神，从身心健康角度引导和提升儿童素质。

花 园

花园是种植花草树木供人们游赏休憩的场所。随着时代的发展和地域的变化，花园一词的概念及内涵均有所不同。

在欧洲，花园通常指建筑前面种植花木以供游乐的空间，带有较强的人工性特点。传统的西方园林大多由花园和林园组成，形成建筑与花园、林园、外围的乡村或自然之间的过渡。传统的

意大利兰特庄园

花园还有实用性和游乐性之分，前者指兼有经济性和装饰性的花园，如药草园、果园、菜园等；后者指专供游赏的花园，如玫瑰花园、水花园等。到英国自然风景式造园时期，在崇尚自然的思想影响下，林园逐渐取代花园成为园林的主体。

现在人们常说的"花园"是较为常见的一种园林类型，既可独立

建造，也可附属于其他类型的园林或建筑物。花园通常以草坪、花卉和观赏树木等形成的植物景观为主体，并搭配其他园林设施而形成游赏空间，在美化环境的同时，满足人们赏花观景、休闲游憩和园艺活动等使用需求。

现代园林还发展出一些具有特定功能的专类花园形式，如屋顶花园、雨水花园和康复花园等。①屋顶花园。泛指不与地面土壤连接的花园，主要以建筑物的屋顶、平台、阳台、窗台、墙面等为载体，结合现代栽植技术形成的花园形式。②雨水花园。将雨水管控与树木花草相结合，通过土壤和植物的过滤作用净化雨水，集约利用水资源的花园类型。③康复花园。又称医疗花园，利用植物、园艺、园林对人产生的生理和心理作用，辅助病人恢复健康。

加拿大布查德花园

花园的类型多样，规模大小不拘，多以小巧精致取胜。花园的风格多变，在形式上有规则式、自然式和混合式之分。花园设计以植物配置取胜，植物材料的选择需因地制宜、顺应自然，注重乡土植物应用，适当引种外来植物。植物配置原则：①通常以宿根花卉、球根花卉和一、二年生花卉为主体，搭配以乔、灌木，形成色彩丰富、季相多变的园林景致。②应结合当地自然条件和民俗文化营造地域性特色植物景观。③要充分考虑不同植物材料之间的色彩搭配及植株大小、姿态、质感等形态特征的对比与调和，遵循形式美法则。④应兼顾四时变化，近期结合远期，注重经济适用、低维护和景观可持续原则。

此外，花园中可巧妙布置建筑、园林小品等组成小景，增添花园的艺术魅力，实现"园中有景皆入画，一年无时不看花"。

纪念性公园

纪念性公园是以颂扬纪念杰出历史人物、革命活动发生地、革命伟人及有重大历史意义事件而建造的公园。具有供后人瞻仰、怀念、学习的功能，以此寄托深厚的情感等，同时还具有游览、休息和观赏等功能。在绿地系统中，属于公园绿地中的专类公园。

纪念性公园是人类纪念情节物化于园林的一种形式，它不同于纪念性建筑和纪念性雕塑，是一个更综合的概念。其中包含了建筑、雕塑等人工因素和山水、植物等自然因素，并且功能也较复杂，更加需要强调整体统一和有机组合。纪念性公园是开展纪念活动的一种媒介，也不同于普通的公园。它把精神功能放在首位，要求有较高的艺术表现力。纪念性公园的特殊性在于历史文化建筑多具有思想性、永久性和艺术性，需要保存延续和稳定，

中国南京雨花台烈士陵园景观

不适宜随意性地变更。纪念性公园可分为纪念具有重大意义的历史事件、纪念革命伟人、纪念牺牲的革命烈士等，通常具有风格独特的历史建筑和人文景观，布局多采用规则式，如南京雨花台烈士陵园、广州黄花岗七十二烈士陵园、上海鲁迅公园等。

历史名园

历史名园广义为历史悠久、知名度高的园林；狭义为《城市绿地分类标准》（CJJ/T 85—2017）所定义的"能体现一定历史时期代表性的造园艺术，需要特别保护的园林"。在绿地系统中，属于公园绿地中的专类公园类别。

历史名园与古典园林、传统园林在概念内涵上既有重叠也有差异。古典园林与古代园林概念相近，与近现代园林相对，强调营建的时期；传统园林强调园林创作过程的思维与建成风格；历史名园作为需要保护的绿地类型，强调园林的历史文化价值和本体的真实性、完整性。1982年发布的《佛罗伦萨宪章》中指出"历史园林作为文明与自然的直接关联表征，具有理想世界的重大意义，也是一种文化、一种风格和一个时代的见证"。中国的历史名园有颐和园、北海公园、景山公园、拙政园等。

总体而言，历史名园通常具有如下特征：①历史悠久并有物质环境的真实存在。②具有较高的历史价值和艺术价值。③具有生命力，其兴衰演变与自身环境、历史背景、人类行为紧密相连。④具有一定知名度，在现代社会中保持功能的发展和维持。

森林公园

森林公园是有一定面积的森林或林地，可开展多种森林游憩活动、提供较长时间游览休息的境域。

森林公园具有满足游憩需求、资源和生物多样性保护、科学普及与教育、自然研究等功能。森林公园通常选择风景优美、面积较大的市域内林地改造而成（如上海共青国家森林公园），也可选择虽远离城市但森林资源丰富、风景特质显著的天然林地，以保护优先、科学规划、适度合理利用为前提建立森林公园（如神农架国家森林公园），还可以根据国土空间规划和生态功

北京城市绿心森林公园

能区建设需要经科学规划建设森林公园。中国森林公园分为国家级、省级和县市级3级，截至2019年2月，已建立国家级森林公园897处。

社区公园

社区公园是与居民日常生活结合得最为紧密，为社区居民开展公共活动提供主要场所和设施，承担着休憩、游览、康体、社交、宣教、应急避险等基层居民公共生活职能的绿色开放空间。

国际上有关社区公园的定义和范围较宽泛，相近的概念除了社区公园、邻里公园、街区公园、住区公园，以及日本的居住基干公园之外，社区组织管理下的游憩中心、游戏场、袖珍公园、遛狗乐园、社区花园、

份地花园等也属于社区公园范畴。

中国在社区概念引入之前，主导城市社区规划的是居住区规划理论，与社区公园相近的是各级居住区应配套规划建设的公共绿地和集中设置的居住区公园。2002年《城市绿地分类标准》（CJJ/T 85—2002）确立了社区公园这一公园绿地类型，下设居住区公园和小区游园两小类。2017年《城市绿地分类标准》（CJJ/T 85—2017）取消了这两个小类，定义社区公园为"用地独立，具有基本的游憩和服务设施，主要为一定社区范围内居民就近开展日常休闲活动服务的绿地"，规模宜在1公顷以上。此标准强调了作为城市公园绿地类型之一的狭义的社区公园应"用地独立"，既不属于也不包含居住区附属绿地，具有明确的用地性质与功能定位。

体育健身公园

体育健身公园是具有符合一定技术标准的体育场馆和运动设施，并有文教、服务等建筑可供市民进行体育锻炼、竞技比赛、游览休憩等活动的专类公园。

不同于《国土空间调查、规划、用途管制用地用海分类指南》（自然资发〔2023〕234号）中的公共管理与公共服务用地中的体育场馆、训练等体育用地，体育健身公园属于行业标准《城市绿地分类标准》（CJJ/T 85—2017）中的公园绿地，是具有体育健身主题的专类公园，绿化占比宜≥65%。

体育健身公园的起源与体育运动的形成和发展密切相关，古希腊人认为只有在自然环境中进行体育锻炼，才能对人的智慧和身体发育产生有益的作用和影响，因此在体育场的选址上特别注意周围应有优美的自然条件，这种体育场和绿地的结合成为体育健身公园的雏形。

现代体育健身公园按建设目的和功能可以分为如下几种典型类型：①为承接大型赛事而修建的体育健身公园，赛时为运动员提供比赛环境，赛后对社会开放为体育健身和休闲游憩场所。②为民众日常体育健身和运动休闲服务而建设的体育健身公园，同时也可以兼顾一些比赛。这种大众体育健身公园在欧美各国十分普遍，在中国也得到大力推广和建设。③为某一类运动或特殊人群修建的专项体育健身公园，如水上运动公园、滑板公园、跑酷公园、农民体育公园等。从服务对象和区域来看，体育健身公园可分为社区级、县市级和省级或跨省级等。体育健身公园的设置需综合地区人口规模、占地面积、区内体育设施数量及类型、居民的年龄层、运动习惯等因素，制定出较为完善、合理的体育健身公园各项指标，包括公园规模、服务半径、人均占有公园面积、运动设施占地比例、绿地率等。

野生动物园

野生动物园是在自然环境或人工模拟野生动物栖息环境中，以群养、混养、散放野生动物为主要展示形式的动物园。

野生动物园是对野生动物实行保护、研究和驯养繁殖，并通过展览、旅游观光的形式向公众进行野生动物保护宣传教育的基地。相对于城市动物园而言，野生动物园的展示环境属于或接近自然状态，一方面传递了保护野生动物及其生存环境的理念，另一方面提升了游人融入自然、探索猎奇的体验感。世界各地的野生动物园形式与功能不尽相同，在国外通常指游猎公园或一些国家的国家公园、野生动物保护区，如南非国家野生动物园。自中国第一家深圳野生动物园 1993 年投入运营以来，各地陆续建设野生动物园，如上海、北京、哈尔滨、广州等地建设了较大型的野生动物园。中国野

中国北京野生动物园车行游览区

中国北京野生动物园步行游览区

生动物园基本包含车行游览区和步行游览区，车行游览区通过游人自驾或乘坐观光游览车的方式参观动物散养区，步行游览区则为动物圈养、半圈养展示。

野生动物园的建设方针：①必须以宣传教育保护野生动物知识和法规为主，保证动物基本福利要求，符合动物、游人、饲养人员安全要求，充分发挥饲养繁育、动物保护、科学研究、科普教育和休闲游览的功能，注重社会、生态和经济效益的统一。②拟建野生动物园的单位必须具备相应的资金、场地、饲养和兽医技术等方面条件，并制定符合实际情况

的野生动物园建设规划和引进野生动物养殖计划，以及建设野生动物园的可行性报告，报相关野生动物行政主管部门审核。

植物园

植物园是按科学规则收集、展示、保存、记载和标记不同种类的植物，以供科学研究、公共游憩及科普教育的场所。在绿地系统中，属于公园绿地中的专类公园。

当代植物园不仅保持了传统植物园在引种驯化、保护繁育等方面的重要功能，还通过模拟不同气候带的自然植物群落，有针对性地建立辅助棕地修复、水体修复的植物群落等方面的尝试，起到改善生态环境和示范园林绿化新技术、新趋势的综合作用，并结合艺术性的造园手法，展现出优美的园林景致，发挥公园绿地的综合作用。

◆ 发展情况

植物园的发展与人类对自然界及植物的认知息息相关，经历了从生产生活向科学与游赏相结合的发展历程。中国的上古先民很早就在与自然的长期接触中掌握了丰富的植物知识，从传说中的中华民族始祖之一炎帝神农氏尝百草，到史籍记载的距今 2000 多年的秦汉上林苑中搜集种植的 2000 多种奇花异卉，一直到历代的皇家、私家园林，都有着搜集、种植，甚至引种、杂交、繁育植物新品种等优良传统。而西方早期植物园则多是起源于两种园林，一种是栽培药用植物、食用植物、香料植物等实用植物类型的庭园，如栽植椰枣、葡萄等果树的古埃及庭园和种植药用及食用植物的中世纪修道院庭院。另一种则是与中国古典园林中观赏性的植物收集与展示类似的西方古典花园与庭园。

现代植物园的产生可以追溯到文艺复兴时期的意大利。16世纪，随着植物科学的进步，人们对系统认知及可持续利用植物的强烈需求，直接促进了植物园的创立。在此期间建立的意大利比萨大学植物园和帕多瓦植物园，被认为是世界上最早的科学性质植物园。但那时的植物园规模有限，且主要以药草园的形式存在，承担着药用植物收集和研究功能，并作为辅助大学与相关机构的植物学、医药学教学的场所。

17世纪至19世纪中叶，随着第一次工业革命的兴起，科学技术有了飞速进步，欧洲许多传统植物园开始从药圃转变为现代意义上的植物园，并被赋予展示植物学研究新成果等功能。19世纪后，由于资本主义的全球贸易进一步扩张，植物园在全球植物种质资源开发，尤其是经济植物的发掘方面起到新的作用。而随着城市公园的快速发展，植物园在游赏和娱乐方面的功能也开始受到重视。19世纪中后期，诸多有目的的植物收集活动促成了一大批著名植物园的诞生，如英国的邱园和美国的哈佛大学阿诺德树木园等。这一时期的植物园建设也奠定了今天植物园的诸多基本功能和规划设计原则。

◆ 中国的现代植物园

1934年8月20日成立的庐山森林植物园是中国最早的现代植物园之一，由中国植物学家胡先骕、秦仁昌和陈封怀共同创立，后更名为庐山植物园。该园成为中国植物科学引种与研究的先驱。另外，由日本人创建于1915年的辽宁省果树科学研究所熊岳树木园（1945年后收归国有）、1929年为纪念孙中山所创立的"中山陵园纪念植物园"，以及 20 世纪 50 年代创立的杭州植物园，也都属于中国建园较早的现代植物园。

成立于 2013 年的中国植物园联盟（今更名为中国植物园联合保护计划），是在中国科学院、国家林业局、住房和城乡建设部支持下，由中科院植物园工作委员会联合中国植物学会植物园分会、中国公园协会植物园工作委员会、中国野生植物保护协会迁地保护委员会、中国环境科学学会植物环境与多样性专业委员会、中国生物多样性保护与绿色发展基金会植物园工作委员会，以

国家植物园

杭州植物园

及东亚植物园网络共同倡议，并按照自愿参加的原则，各植物园（树木园、药用植物园）间开展战略合作的公益性组织，截至 2024 年 10 月，已拥有 127 位成员，其中包括中国著名的植物园，如国家植物园、上海辰山植物园、中国科学院华南植物园、中国科学院武汉植物园、中国科学院西双版纳热带植物园、江苏省中国科学院植物研究所、杭州植物园、中国科学院深圳仙湖植物园等。

主题公园

主题公园是围绕一个或多个主题元素进行组合创意和规划建设，采用现代科学技术和多层次活动设置方式，集诸多娱乐活动、休闲要素和服务接待设施于一体的专类公园，同时也是旅游产品和现代旅游目的地形态。

与传统意义上的城市公园、风景名胜和人文古迹不同，主题公园更加强调参与性和游乐性，追求现代化和高科技，强调投资回报率，因此多由社会资金建造和企业经营管理；另外，由于其内容丰富，规模较大，且具有吸引大量游客的要求，主题公园大多兴建于大城市及其周边。

主题公园起源于早期的游乐园，其前身最早可追溯到古希腊、古罗马的角斗场、竞技场，人们在那里参加诸如射箭、狩猎等休闲娱乐活动。随着城市的发展，人的聚集区域与自然资源或历史遗产在区位上逐渐形成分离，并且在进入工业社会和后工业社会以后，人们

迪士尼乐园

对于娱乐的心理需求日渐显著，具有景观再造和文化振兴作用的主题公园便应运而生。

一般可按照投入资金的数额和占地面积的大小，将主题公园分为小（微）型主题公园、中型主题公园和大型主题公园 3 类。

1955 年 7 月，由 W. 迪士尼在美国南部加利福尼亚州创建的迪士尼乐园落成，这是世界上第一个具有现代意义的主题公园。20 世纪 50 年代以来，世界范围内先后建成了 200 多个大型主题公园和上千个中型主题公园。

20 世纪末，中国开始学习模仿国外建成的主题公园，在北京、上海、广州等几个国内主要城市进行建设探索。进入 21 世纪后，随着中国经济的高速发展，主题公园作为一种旅游产品，在中国各地被迅速推广。

专类动物园

广义上的专类动物园，包括由于特定原因如纪念性、濒危动物栖息地保护、主题展示等，特定地域或气候环境如非洲草原、热带雨林、极地环境等，特定动物种类如两栖动物、海洋生物、鸟类，特殊的哺乳类动物如灵长类、大型猫科动物等的科学研究和展示所设立的动物园。

狭义上的专类动物园则主要指前述第三种，即专门展出某一类动物的动物园。如单独设立的水族馆，一般专业养殖及展示各种咸水或淡水鱼、虾、蟹、贝等水生动物，其中也有一些兼养两栖动物和以海兽表演为主的，包括世界各地的海洋公园和水族馆。美国、德国、澳大利亚等都有专门展出爬行动物的专类动物园。泰国北榄的鳄湖以专门养鳄 2 万多条而著称，除展览外还提供皮革原料。此外，还有德国和新加坡等地的鸟类公园，如新加坡裕廊飞禽公园等。作为中国传统观赏鸟类，孔雀一直深受人们的喜爱，因此，中国许多地区建有孔雀园这样一种特殊的专类动物园。

中国的专类动物园起步较综合性动物园晚，但也已经形成一定的规模，尤其是以观光娱乐为主的海洋世界和极地动物园，包括香港海洋公园、青岛海洋极地世界、大连老虎滩海洋公园、珠海

中国珠海长隆海洋王国主入口

长隆海洋王国、杭州极地海洋世界、上海水族馆（全世界唯一拥有独立的中国展区的水族馆）等一批大型水族馆，不仅吸引了大量游客，也为普及海洋知识、宣传动物保护做出了贡献。

专类公园

专类公园是以某种使用功能为主，具有特定内容或形式，带有一定游憩设施的公园绿地类型。

专类公园通常建于城市或城镇中，规模大小不等。专类公园的类型也十分丰富，是展现地方特色或地域特征，以及自然资源或人文资源的重要载体。依据《城市绿地分类标准》（CJJ/T 85—2017），专类公园包含动物园、植物园、历史名园、遗址公园、游乐公园和其他专类公园等类型。

18世纪的第一次工业革命之后，欧洲逐渐出现了以机械游乐设施为主题的游乐园，如荷兰的艾夫特琳公园和丹麦的蒂沃利公园。19世纪以后，随着欧美近现代城市化进程的发展，人们更加重视城市的游憩

功能，随之出现了许多娱乐形式的公园，丰富了专类公园的类型。

中国的专类公园建设起步较晚。1949 年以前，中国的专类公园数量较少，主要为动物园、植物园、运动公园等类型。1949 年以后，中国以恢复、整修旧有公园和改造、开放私家园林为主，修复了大量的历史名园，丰富了专类公园的类型。20 世纪 80 年代以来，随着经济的高速发展，中国的各种专类公园类型，尤其是动物园等，都呈现数量迅速增加的趋势。

专类花园

专类花园是以某一种或某一类植物为主体的花园。

在中国园林中布置专类花园的传统由来已久，一些专类花园常被冠以富有诗情画意和引人入胜的园名，为名园增辉许多。例如，苏州的"香雪海"点出了大片梅花怒放的盛况。许多独具观赏特性的花木集中栽植，形成了特定的植物景点或景区，堪称中国最早的专类花园。

专类花园的规模大多从几百到几万平方米不等，布局不拘一格，主要考虑植物种类的数量、植物种植的规模，以及与周围环境的协调。在形式上可采用规则式、自然式或混合式构图，重点是突出专类植物的个体美与群体美。专类花园既可独立成园，又可作

中国沈阳世园会岩生植物区

为风景区、公园和庭园的组成部分，成为景点或园中园。例如，巴黎的雪铁龙公园就以专类花园为特色，包括动态花园、白色园、黑色园、星期园等。

专类植物园

广义上的专类植物园指具有特定的主题内容，以具有相同或相似特质类型（种类、科属、生态习性、观赏特性、利用价值等）的植物为主要构景元素，用于植物的收集、展示、科普宣教，提供游人观赏、游憩，并可兼顾一定的科学研究及生产功能的主题植物园。狭义上指以某一种或某一类观赏植物为主体的植物园。

就广义上的专类植物园而言，也可按突出的重点不同，分成以下几个大类：

重点体现亲缘关系的专类植物园。以同种、同属、同科或亚科等的植物作为专类园的主要植物元素，并配置相应园林要素组景而成。中国很早就形成了以观赏花卉如十大名花中的梅花、牡丹、兰花、山茶、菊花、荷花等来建造专类园的传统。近代以来，随着外来植物品种的引种和培育技术的提升，各地还建立了具有异域特色的樱花园和郁金香园等观赏性专类植物园。不同科但具有某些重要联

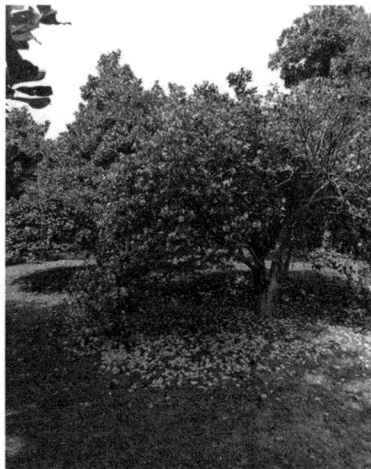

中国杭州植物园木兰山茶园

系的植物也可以形成专类园，
如松柏园、蕨类园等。杭州
植物园还将互补型的两类植
物建成专类园，如木兰山茶
园、槭树杜鹃园、桂花紫薇
园等。此种专类园在种质资

中国上海植物园盆景园

源保护、新品种开发及研究生物多样性保护等方面具有突出的价值。

重点展示特定生境的专类植物园。以特定生境的展示为选择植物
与造景的基础，形成诸如盐生植物园、湿生植物园、岩石园、阴生植
物园等特殊的植物园。早在17世纪的法国巴黎自然历史博物馆植物
园和18世纪的英国邱园，就已有按照各种生态环境配置的药用植物园、
岩生植物园。中国则在1934年建立庐山植物园时首次创建了岩生植
物园。

重点突出某一观赏特性的专类植物园。以植物的某一突出观赏特性
为主题而创建的植物园，包括植物的叶色、气味、特殊形态等，如芳香
植物专类园、盆景园等。

重点展示植物经济价值及相关应用的专类植物园。早期东西方都有
专门栽培药用植物的传统药草园，发展到今天，已经从药用植物拓展到
纤维植物、油脂植物、蜜源植物、香料植物、栲胶植物等多种多样的经
济植物专类园。该类植物园不仅可以承担一定的生产服务功能，也可以
游览参观，甚至让游人体验加工、制作相关的产品。

其他专类公园

其他专类公园指除了儿童公园、动物园、植物园、历史名园、风景名胜园、游乐公园外，具有特定主体内容的绿地。其绿化占地比例应不低于65%。

其他专类公园包括雕塑公园、盆景园、体育公园、纪念性公园等，随着城市发展需求，出现如宠物公园、老年公园等新类型。

宠物公园是集宠物交易、展示为一体的休闲娱乐公园，包括宠物活体及相关产品展示、宠物艺术、宠物文化交流等功能。例如，北京国都宠物公园、郑州大河宠物文化公园。

老年公园是基于老年人心理、生理和安全需求，从老年人对公园设施和活动场地要求角度专门设计的公园，体现社会对老年人的关怀，让老年人群享有幸福晚年。例如北京老年公园。

生产绿地

生产绿地是为城市绿化提供苗木、花草、种子的苗圃、花圃、草圃等圃地，是城市绿化的生产基地，同时也为城市绿化树种的培养和引种驯化等提供科研基地。

生产绿地是城市绿地不可缺少的部分。根据生产用地的使用性质可分为临时性生产绿地和永久性生产绿地。临时性生产绿地是指近期为城市绿化建设供应苗木、草坪及花卉等植物材料，而中远期将改变用地性质（如更改为植物园、公园等）的绿地。永久性生产绿地是指绿地系统规划中规定为生产绿地的城市绿地。

生产绿地一般占地面积较大，《国家园林城市标准》（2005）规定全市性生产绿地总面积应占城市建成区面积的 2% 以上，苗木自给率应满足城市各项绿化美化工程所用苗木 80% 以上。出于节约土地的考虑，生产绿地多布置在郊区，要求土壤及灌溉条件较好，具有与市区便捷的交通联系。某些景观较好的生产绿地在提供苗木的同时，也具有定期全部或部分对外开放、供游人观赏游览的功能。

草 圃

草圃是专门繁殖生产草坪植物的场圃。

中国拥有悠久的草坪应用历史，秦汉时期植树种草已成为时尚。而到 20 世纪，欧美的种草技术进入中国。

1949 年以前，上海市郊区及江苏省常熟市等地首先经营草圃，生产繁殖狗牙根、结缕草、假俭草等暖地型草坪植物，供应上海作私人花圃的种植材料。1949 年以后，上海、青岛、天津、广州等市私人花圃改造为提供居民游憩的场地，公共绿地面积逐年扩大，草坪植物的需要量逐年增加，草圃经营者也陆续增多。经营历史较久的草圃，有常熟杨园草圃及广州三元里草圃等。20 世纪 80 年代初期以后，各地草圃如雨后春笋般建立。一些城建园林和农林系统的苗圃及农场兼营草皮，有的科研单位及高等院校也设立了草圃。随后，国营及私营草坪公司出现在中国市场上。这些公司以经营草皮为主，同时经销国内外草坪植物种子。

现代草坪科学与产业的发展历史相对较短。20 世纪 80 年代草坪业才进入中国，以 1990 年北京亚运会为契机，中国现代草坪业开始逐步走向正规化、专业化、市场化。随着城市化进程的加快与城市绿化标准的提高，中国草坪需求大幅提升，为草坪业发展创造了良好的条件。尽管中国草坪产业化进程较快，在草坪科学研究和教育方面已有了较大进步，但由于起步晚，在草坪草新品种的选育、种子生产、建植、养护管理、病虫草害管理、草坪机械等方面与国外相比有一定差距。截至 2021 年 5 月，中国 95% 左右的草坪品种均依赖从欧美等国家进口，因此，草圃生产应重视选育本国、本地草种，如中国原产的狗牙根、结缕草、细叶薹草、草地早熟禾等，逐渐改变草籽大量进口的现状。

中国的草坪需求大致分为 3 类：运动场草坪、绿化草坪、水土保持草坪。草坪品种的选育直接与人们的草地休闲活动紧密联系，因此一定程度的耐践踏成了草坪的基本特征之一。

根据中国夏季酷热期长的气候特点及各地土壤等条件的差异，中国草圃区域大体划分为南方草圃、北方草圃和过渡地区草圃：①长江流域以南，主要生产繁殖狗牙根及其改良种、假俭草、地毯草、钝叶草、细叶结缕草、结缕草等暖地型草坪植物。②黄河流域以北，主要生产繁殖匍茎剪股颖、草地早熟禾、加拿大早熟禾、林地早熟禾、紫羊茅、苇状羊茅、意大利黑麦草等冷地型草坪植物，同时可生产繁殖耐寒冷、耐旱的暖地型草坪植物，如野

黄河滩涂种植的草皮

牛草、结缕草等。③长江流域至黄河流域过渡地区，除要求积温较高的地毯草、钝叶草和假俭草外，其他暖地型草坪植物及全部冷地型草坪植物都可生产繁殖。

花 圃

花圃是专门繁殖、生产、经营花卉等观赏植物的场地。花圃常兼有供来访者观赏、游憩及科学普及教育等功能。

中国古代即有在城郊经营花圃的传统。如宋定都临安（今杭州）后，钱塘门外溜水桥北东西马塍逐渐发展成花木集中栽培地，据宋代吴自牧《梦粱录》记载："皆植怪松异桧，四时奇花，彩巧窠儿，多为龙蟠凤舞、飞禽走兽状，每日市于都城，好事者多买之，以备观赏也。"宋代培植的花卉已达二百多种，许多观赏竹子尚不计在内，花卉的品种也较丰富。

明清以来，除杭州、成都外，花圃在南北各地也逐步兴起，如广东的广州花地、中山小榄镇，福建漳州，上海崇明及赵家花园，安徽歙县卖花渔村，江苏光福及虎丘，浙江温州、金华，河南鄢陵姚家花园，山东菏泽，北京丰台花乡等。这些农户式花圃深受欢迎。这一时期的花卉类论著迅速增加，花卉品种更为丰富，花卉栽培技术也有了全面发展。

进入 20 世纪，各地花圃有所发展。仅以上海为例，抗日战争胜利后改组花树同业公会为上海市花树商业同业公会，有会员 839 户，其中园艺农场 80 户、花农 575 户、花店 71 户；栽培花卉种类也有所增加，包括牡丹、梅花、山茶、紫藤、杜鹃花、菊花、兰花、香石竹等。当时也有少数机关、学校兴办花圃，如南京中山陵园、金陵大学园艺场、广

大棚花卉

州岭南大学、陕西武功西北农学院等。

现今的中国花圃,除原有的农户式经营之外,又包括隶属于园林绿化局等政府管理部门的花圃、花卉中心及公司制综合花圃,以及专业花圃等。各地区充分利用地域性植物及气候资源的特色与优势发展花卉生产,形成了花卉优势产业的地域性分布:以云南、北京、上海、广东、四川、河北为中心的切花产区,以江苏、浙江、四川、广东、福建和海南为中心的苗木、观叶植物产区,以江苏、广东、浙江、福建、四川为中心的盆(花)景产区,以四川、云南、上海、辽宁、陕西、甘肃为中心的种苗(种球)产区。

花圃选址以地势平坦开阔、背风向阳、土质疏松且富含有机质、排灌系统良好、水质优、病虫害较少且具备必要的电源、交通设施和物资供应条件的城市近郊为宜。花圃内根据各种花卉的不同生长发育要求,因地制宜地划分种植区,并配备有大棚、温室、温床、冷床、荫棚、冷窖等设施。现代化的大宗花卉生产,采用大面积温室育苗的方式,利用自动化控制系统,调节室内温度、光照、水分、湿度等环境因子,并进行施肥、防除病虫等工作,同时利用工厂化育苗、组织培养、容器育苗等技术方法,打破季节性限制,实现批量化生产。有些大城市的花圃建设十分完备,可选择局部对公众开放,以丰富公园绿地景观与功能的多样性。

第 2 章

绿地功能

　　绿地功能指城市绿地在生态保护、游憩娱乐、文化教育、环境美化、防灾避灾等方面具有的功能。

　　中国的古代园林和其他国家的早期庭院，主要是供少数人享用的生活和游憩场所。随着社会的进步和科学技术的发展，城市成为人口高密度区，城市绿地的功能发展成为公益服务的多种综合功能，即改善城市生态、抵御自然灾害，为市民提供生活和工作的良好环境等，具有突出的生态效益、社会效益和经济效益，有效地促进和维护了城市可持续发展的良性循环。

　　生态保护功能。主要体现在维持空气中碳氧平衡、净化环境、改善城市小气候、降低城市噪声、保护生物多样性等方面。绿色植物作为城市绿地的主体，是城市的重要组成部分，与周围环境不断地进行物质和能量的交换，通过同化作用从环境中吸收物质和能量，又通过异化作用将一些物质和能量释放到环境中去，这种双向的动态过程，对改善和维护生态平衡，实现碳达峰、碳中和具有积极且重要的作用。

　　游憩娱乐功能。城市绿地是居民户外游憩娱乐的主要场所，不仅满足其休闲健身的需要，同时优美而富有活力的环境可以促进人与人之间和人与环境之间的接触、交流，给人以心理与情感上的享受，有效促进公众心理健康。

文化教育功能。城市绿地是市民接受文化教育的重要场所。城市绿地的设计常常将民族传统、地域文化、时代精神、科普知识等融于造景的手法之中，使人们在休息、游玩的同时，还能获取知识、陶冶情操、提高文化艺术修养，同时也塑造了不同城市的文化特征。此外，在城市绿地中举办书画、花卉、雕塑等展览，举行演出、演讲等生动活泼的宣传教育活动，开展健身、歌咏、交谊等多彩的社会文化活动，推动了大众文化的形成。

环境美化功能。城市绿地是城市景观的重要组成部分，其质量的优劣对城市面貌有着决定性的作用。绿色植物随季相变化表现出的姿态、色彩、风韵之美，通过配植形式、空间布局表现出的特色形态，可以营造出鲜明的城市风貌。

防灾避灾功能。城市绿地在地震、火灾等严重的自然灾害和其他突发事故、事件发生时，可以用作避难疏散场所和救援重建的据点，是居民灾后救援、生活、重建家园的重要场所。

绿地文化功能

绿地文化功能指城市绿地具有展示城市文化、使公众接受文化教育的功能。

中国拥有五千年灿烂的文化，人类与自然的各种发展关系已经熔铸在这片土地上。文化是城市发展、积累、沉淀、更新的表现，也是人类居住活动不断适应和改造自然特征的反映，体现在名胜古迹、文物与艺术品、民间习俗与节庆活动、地方特产与技艺等很多方面。

文化是人们感知城市特定价值的重要内容，是地域、民族认同感的基础。城市绿地既是文化保护的基础，也是继承和传播文化的载体。文化的内涵可以通过绿地的规划设计得以保留和再现，也可以使绿地更富有寓意和灵魂。绿地内的景观可以复制，但包含的文化内涵却不能移植，它是特定时间、环境下的产物，只有生长在养育它的环境空间里才能发挥作用。城市绿地的规划设计必须融入地方特色、文化内涵，才具有真正的生命力，才能促进文化传承与文明进步，才是对城市文化的继承、传播和开拓。

中国传统园林不仅是传统文化的重要组成部分，其自身也是对传统文化最好的阐释和宣扬。无论是"天人合一"的设计理念和诗情画意的意境追求，还是园内的建筑、书法、雕刻、楹联等，都具有极高的艺术价值。结合历史遗迹开辟城市绿地，或以民族特色、地域文化建立主题公园，或在城市绿地的设计中融入民间传说、传统技艺、历史事件和人物，或在城市绿地中开展文化宣传活动，都可以使游人沉浸其中，感知文化的精神与魅力。

绿地经济功能

绿地具有产生经济效益的功能。绿地的经济效益可以分为直接经济效益和间接经济效益。①绿地的直接经济效益。一是指物质生产收入，如经营果品、蔬菜、药材、香料、花卉、种苗等初级产品，以及其加工

中国西安渭河生态水利风景区

品等获得的收益；二是指游览娱乐收入，如通过经营绿地和园林设施，在门票、餐饮、纪念品等方面获得的收益。②绿地的间接经济效益。通过其生态环境效益和社会环境效益在全社会中产生的经济价值来获得。

绿地的综合生态效益主要来自城市绿地制造氧气、改善气候、净化环境、防止噪声、蓄水保土、防风固沙，以及提供人们休息锻炼、社会交往、观赏自然的场所而带来的效益。城市绿地能改造城市的环境质量，创造城市品牌效应，提升城市的知名度和声誉，带来城市无形资产的升值，同时带动相关产业如房地产业、旅游业、文化体育业的繁荣增长，扩大就业、吸引投资和人才的涌入，促进经济的整体发展。

第 3 章

绿地布局

城市园林绿地系统布局

城市园林绿地系统布局指城市中不同类型、规模园林绿地的分布。

城市园林绿地系统布局主要有以下原则：①城市园林绿地系统规划应结合城市其他部分的规划综合考虑，全面安排。②城市园林绿地系统规划必须因地制宜，从实际出发。结合当地自然条件、现状特点，根据地形、地貌等自然条件，充分利用原有的名胜古迹、山川河湖，将其有机地组织在园林绿地系统中。③城市公园绿地应均匀分布，服务半径合理，满足全市居民文化休憩的需要。城市中小型公园必须按服务半径布置，使附近居民在较短时间内可步行到达。

城市园林绿地系统布局通常需要满足以下要求：①改善和优化城市生态环境。要严格按照国家标准确定绿化用地指标、划定绿化用地面积，明确划定城市建设的各类绿地范围和保护控制线。例如在工业区和居住区布局时，要考虑设置卫生防护林带；在河湖水系整治时，要考虑安排水源涵养林带和城市通风林带；在公共建筑与生活居住用地内，要优先布局公共绿地；在城市街道规划时，要尽可能将沿街建筑红线后退，预留出道路绿化用地等，充分发挥城市绿地的生态功能，达到城市生态环境的良性循环。②引导和控制城市空间形态。在城市化进程中，城市正呈现出无序的外延式扩张，通过城市外围各类绿色空间的有机组织，可以有效地引导城市空间的发展方向，控制城市的无序蔓延。③满足居民的户外游憩需求。城区范围内的公园绿地布局应考虑合理的服务半径，按照合理的服务半径，均匀分布各级公园绿地和居住区绿地，使全市居民都具有均等使用的机会。④改善和加强城市艺术风貌。每个城市都具有独特的自然地理结构和地貌特征，每个城市也必然有其丰富的历史文化遗存及其所处环境，绿地布局必须将它们有机地组织进绿地系统中来，充分反映地方的文脉和特征，形成城市独有的风貌特色。⑤确保安全健康的城市环境。城市绿地的合理布局，不仅在一定程度上可以延缓灾害的发生，同时还能满足灾害发生时的救援、疏散等需求。

为满足上述要求，城市园林绿地系统应按照整体性、生态性、可达性、多样性、地域性及安全性的原则对各类城市绿地进行空间布局，并结合城市其他部分的专业规划综合考虑，全面安排。

带状绿地布局

带状绿地布局指利用河湖水系、山脊、谷地、道路、旧城墙、高压走廊等线性因素，形成纵横交错的条带形绿色空间，穿插于城市内部，与其他绿色空间共同构成城市绿网布局。

带状绿地布局模式不仅有利于城市居民与自然的沟通与交流，还有利于改善城市生态环境和表现较高的环境艺术风貌，特别是绿带作为城市绿廊可以引风或通风，也可以为野生动物提供安全的迁移途径，保护生物的多样性，同时也作为组团间的分隔绿带，防止城市组团粘连，因而具有极强的生态作用。美国的波士顿、堪萨斯、明尼阿波利斯等按照公园系统规划建设的城市是该模式的代表，在中国较为典型的城市有南京、苏州、西安等，主要利用城市干道或旧城墙的绿化连接城市绿地而形成网络。

放射状绿地布局

放射状绿地布局是由一个中心地区作为放射型城市核心，利用道路、街道和设施以圆环状或方形环状环绕城市中心向外辐射至郊区，沿路建绿色通道的空间布局。

放射状绿地布局是最为古老的一种城市格局，众多古老的城市均保留这种城市形态，四川省成都市就是典型的放射型城市。放射状绿地布局是根据城市空间格局，从城市中心区向周边放射方向建设绿地，由沿放射状道路两侧的绿化带形成绿色通道。与楔状绿地布局相似，放射状绿地布局有利于将新鲜空气引入城区，缓解城市热岛效应，较好地改善城市的通风条件。同时，放射状绿地可以最大程度地满足居民在城市中亲近自然、接近自然的强烈愿望。

环状绿地布局

环状绿地布局是根据城市发展规模的不同，利用城市周边的农田、山体、林地，以及一些生态敏感保护区，在城市外围形成一条或多条环状绿带的空间布局。

环状绿地布局的主要功能是在城市发展过程中，控制城市用地的无序扩展，或避免城市连续扩张而形成"摊大饼"的状况。

1945 年英国发表的伦敦大规划中的环状绿带是典型代表。中华人民共和国成立后，首都北京在城市规划中提出的绿化隔离地区建设设想也借鉴了这一布局思路。但是单纯依靠这种环状绿地对改善城市内部的环境起不到实质性作用，必须与城市中的其他公园绿地相互配合、相互作用，才能发挥绿地的综合效应。2006 年北京结合 2004 版的城市总体规划，编制了新的绿地系统规划，提出了"两轴、三环、十楔、多园"的基本结构，即青山环抱（占市域面积 62% 的山地绿化），三环环绕（五环路、六环路之间的绿色生态环，隔离地区的公园环，二环路绿色城墙环），十字绿轴（长安街和南北中轴及其延长线），十条楔形绿地（从不同方向沟通市区和郊区，将郊区新鲜空气引入市区），公园绿地星罗棋布（大、中、小型公园绿地），由绿色通道（道路、铁路和河道绿化带）串联成点、线、面相结合的绿地系统。其中，"三环环绕"就是典型的环状绿地布局模式。

块状绿地布局

块状绿地布局是城市中绿地以大小不等的地块形式均匀分布的空间布局。

以块状绿地为主的布局模式多出现在城市形成发展的早期阶段，如中国上海、天津、武汉、长沙、青岛等城市的老城区。块状绿地布局模式的优点是可以做到均匀分布，有利于市民就近日常休闲使用，并对改善城市环境有一定的作用，但由于占地规模不大，以及分散的分布状况，相互之间缺乏有机联系，难以充分发挥调节城市小气候、维护生物多样性、改善城市生态环境和形成城市艺术面貌的综合功能。因此，在旧城改造中，应将单纯的块状绿地与其他形式的绿地相结合，形成完善的绿地系统。2003 年，上海在中心城区绿地建设中，根据国内外城市公园绿地分级标准，综合考虑城市实际情况，将公园绿地分为三级，即一级绿地、二级绿地和三级绿地，一级绿地面积为 10 公顷以上，服务半径为 3000 米；二级绿地面积为 4 ～ 10 公顷，服务半径为 2000 米；三级绿地面积为 0.3 ～ 4 公顷，服务半径为 500 米。这些绿地和城市绿道等绿地形式相结合，可以构成合理的城市绿色空间网络。

网状绿地布局

网状绿地布局是利用沿道路、河流、铁路、组团建设的"绿廊"，将山体、水体、森林、农田等自然元素与城市中的其他公园绿地联系形成绿色网络结构的空间布局。

网状绿地布局模式通过空间上点、线、面、片、环、楔、廊的有机组合，不仅可以在城市内部有效地改善生态环境质量，同时还可以沟通城市之间的联系和能量流动，有效地防止城镇间相连成片而引起的环境恶化。体现了自然、多样、高效，具有一定自我维持能力的生态服务功能特征。

网状绿地布局模式是一种常见的布局形式，应用于大多数的城市绿地建设中，其中较为典型的城市有中国北京、上海、深圳等。2002 年版的《上海绿地系统规划》，根据绿化生态效应最优以及与城市主导风向频率的关系，结合农业产业结构调整，规划集中城市化地区以各级公共绿地为核心，郊区以大型生态林地为主体，以沿"江、河、湖、海、路、岛、城"地区的绿化为网络和连接，形成"主体"通过"网络"与"核心"相互作用的市域绿化大循环，市域绿化总体布局为"环、楔、廊、园、林"。"环"指市域范围内呈环状布置的城市功能性绿带，包括中心城环城绿带和郊区环线绿带；"楔"指中心城外围向市中心楔形布置的绿地；"廊"指沿城市道路、河道、高压线、铁路线、轨道线，以及重要市政管线等布置的防护绿廊；"园"指以公园绿地为主的集中绿地，公园绿地是指对公众开放的、可以开展各类户外活动的、规模较大的绿地；"林"指非城市化地区对生态环境、城市景观、生物多样性保护有直接影响的大片森林绿地。

楔状绿地布局

楔状绿地布局是利用郊外林地、农田、河流等自然因素形成绿色空间，由宽渐窄地嵌入城市，将城市环境与郊区的自然环境有机地组合在一起的空间布局。

与防止城区向外扩展并与外围组团粘连的环状绿地布局相比，楔状绿地布局模式更强调利用城市郊区的自然资源，形成与自然交流的生态廊道，控制城市外围组团之间的相互粘连，并使城市用地最大限度地接近自然，改善城市气候，形成独特的城市风貌。同时，该布局模式在应对城市的发展变化方面具有较强的适应能力。在实践应用方面，俄罗斯莫斯科的楔形绿地建设获得了成功，中国合肥市早期规划中也采用了该布局模式。新的合肥绿地系统规划，在原有基础上结合城市发展状况，进一步提出了"二环、四楔、五廊、九射"的绿地布局结构，明确了西侧大蜀山森林公园、西北部城市森林公园、东北部生态公园与新海公园、东南部城市体育公园四条大型楔形绿地的建设重点，这些由大型水库和林地组成的绿色空间渗透至城区，将郊外的新鲜空气源源不断地引入城区，较好地改善了城市通风条件。中国武汉市也在新的国土空间规划中结合城市自身自然条件，规划布局了大规模的楔形绿地。

指状绿地布局

指状绿地布局是由市中心"手指"状向外放射的交通轴线将城市中各楔状绿色开放区域与自然和人工绿地组合成一个整体的绿色空间布局。

指状城市是以哥本哈根为代表，依托铁路干线构建向外放射状布局的交通轴线形成完备的城镇体系，并通过发达的交通和老城区相连的"手指"状城市空间形态。指状城市通过交通体系的构建，尽量少占或不占农田并对一些贫瘠的土地进行开发，营造出优美宜居的居住环境，最终实现城市扩张的有序性与布局的合理性。指状绿地布局则是在此过程中尽量保留现有绿色开敞空间，充分保护并进一步美化环境，将各个"手指"之间保留和营造的楔形绿色开放区域尽可能地延伸至中心城区内，这些绿色空间不仅包括自然的林地、农田、河流，还包括人工改造的公园、绿地等。这种布局方式既可以防止郊区市镇之间的横向扩张，又可以保护环境并为居民提供丰富、多样、宜人的休闲与娱乐空间。

绿地点、线、面结合

绿地点、线、面结合是绿地系统规划中的常见形式和常用规划方法。以公园、小游园等为点，以行道树、绿带、防护林等为线，以街坊小区庭院绿地等附属绿地为面。

中国城市绿地系统规划主要沿用了 20 世纪 50 年代全面学习苏联时所引入的城市游憩绿地的规划方法和相应定额指标概念，强调绿地的游憩功能，重视城市绿地布局"点、线、面"相结合的原则，重视绿地按规模大小分级管理和就近服务的原则。

半个多世纪以来，该理论一直是中国城市绿地建设的有力依据。"点、线、面"相结合的布局形式使生活居住区获得最大的绿地接触面，方便居民游憩、休闲，同时也有利于改善小气候和城市环境卫生条件，有利于丰富城市总体与部分的景观艺术面貌。

第 4 章

城市绿化

城市绿化是以绿地为核心，构建一种对城市环境产生积极影响的生态系统，通过平面绿地覆盖或立体空间点缀，形成具有生态、美学和社会文化效益的城市绿色基础设施。

城市绿化的内容主要包括城市公共空间、建筑、道路、水体、市政设施等多种尺度、多类空间的绿化建设。

随着中国经济的高速发展和城市化进程的加快，良好的城市生态环境成为现代城市环境建设的重点。城市绿化正是在这种背景下迅速发展的一种理念和实践。

城市绿化有改善城市小气候、净化空气、防尘、防烟、防风、防灾等基本功能，具有生态、景观、游憩等综合效益，是实现城市可持续发展的一项重要基础设施。城市绿化主要涉及规划建设、绿化评价及保护管理等方面。其中，城市绿化的规划建设涉及多个空间尺度，主要包括大尺度的绿化网络配置和连通，中尺度斑块与廊道的形态布局，以及小尺度的植物群落结构。城市绿化评价主要以指标体系构建为核心，包括绿地率、绿化覆盖率、人均绿地面积等二维绿化指标，以及绿量等三维绿色生物量指标。2017年中华人民共和国国务院修订的《城市绿化条例》

中明确规定，城市需编制城市绿化规划并纳入城市总体规划。城市绿化规划应当根据当地的特点，利用原有的地形、地貌、水体、植被和历史文化遗址等自然、人文条件，以方便群众为原则，合理设置公共绿地、居住区绿地、防护绿地、生产绿地和风景林地等。

在中国城市绿化建设的过程中，相继出现了"园林城市""生态园林城市"和"公园城市"。这个发展过程反映了中国城市建设的巨大变化，也体现了城市绿化内涵的不断扩展。从最初强调城市绿化美化的形态问题，发展到关注人居环境的生态特征，再到当下的将人工生态系统与自然生态系统视作统一整体，强调城市环境的运作效率与可持续发展能力。

《城市园林绿化评价标准》

《城市园林绿化评价标准》是中华人民共和国住房和城乡建设部于2010年5月31日发布的有关城市园林绿化评价的国家标准，自2010年12月1日起实施。

城市园林绿化是影响城市社会、生态、经济协调发展的重要因素。为规范城市园林绿化评价，全面提升中国城市园林绿化建设水平，构建和谐、安全、健康、舒适的城市人居环境和生态环境，促进城市环境可持续协调发展，《城市园林绿化评价标准》（GB/T 50563—2010）应运而生。该标准针对国务院确定的设市城市制定，适用于城市园林绿化综合管理评价、城市园林绿地建设评价、各类城市园林绿地建设管控评价、与城市园林绿化相关的生态环境和市政设施建设评价。城市园林绿化评价类型应包括综合管理、绿地建设、建设管控、生态环境和市政设施五种。

城市热岛效应强度

城市热岛效应强度是城市中心区温度与周围郊区（农村）温度的差值。

城市热岛效应指城市中心区比周围郊区（农村）温度高的现象，首次出现在 1818 年 L.霍华德著的《伦敦的气候》一书中。按地表温度和近地面大气温度，城市热岛效应强度可分为城市地表温度热岛效应强度和城市气温热岛效应强度。城市热岛效应强度也是评价一个城市园林绿化水平的重要指标，已纳入国家园林城市、绿色生态城区等城市建设项目的绩效考核指标。

城市生态安全线

城市生态安全线是为建立最为严格的生态保护制度，对生态功能保障、环境质量安全和自然资源利用等方面提出更高的监管要求，促进人口资源环境相均衡、经济社会生态效益相统一而划定的安全线。又称城市生态安全底线、生态红线。

城市生态安全线具有系统完整性、强制约束性、协同增效性、动态平衡性、操作可达性等特征。具体来说，城市生态安全线可划分为生态功能保障基线、环境质量安全底线、自然资源利用上线。

生态功能保障基线包括禁止开发区生态红线，重要生态功能区生态红线，生态环境敏感区、脆弱区生态红线。纳入的区域，禁止进行工业化和城镇化开发，从而有效保护中国珍稀、濒危并具代表性的动植物物种及生态系统，维护中国重要生态系统的主导功能。禁止开发区生态红线范围可包括自然保护区、森林公园、风景名胜区、世界文化自然遗产、地质公园等。重要生态功能区红线划定范围可包括《全国生态功能区划》中规定的水源涵养、土壤保持、防风固沙、生物多样性保护和洪水调蓄等5类共50个重要生态功能区。通过生态服务功能重要性评价，将重要性等级高、人为干扰小的核心区域划定在重要生态功能区生态红线范围内。生态环境敏感区、脆弱区生态红线划定范围可主要包括生态系统结构稳定性较差、对环境变化反应相对敏感、容易受到外界干扰而发生退化、自然灾害多发的生态敏感和脆弱地区。

环境质量安全底线是保障人民群众呼吸新鲜的空气、喝干净的水、吃放心的粮食、维护人类生存的基本环境质量需求的安全线，包括环境质量达标红线、污染物排放总量控制红线和环境风险管理红线。

自然资源利用上线是促进资源能源节约，保障能源、水、土地等资源高效利用，不应突破的最高限值。

城市园林绿地建设管控评价

城市园林绿地建设管控评价主要评价城市绿地的质量，包括城市园林绿化在城市中的地位和作用，公园绿地评价，道路绿化评价，资源保护、规范管理，以及新技术应用等方面。主要内容包括：①城市园林绿化综合评价值。②城市公园绿地功能性评价值。③城市公园绿地景观性评价值。④城市公园绿地文化性评价值。⑤城市道路绿化评价值。⑥公园管理规范化率。⑦古树名木保护率。⑧节约型绿地建设率。⑨立体绿化推广。⑩城市"其他绿地"控制。⑪生物防治推广率。⑫公园绿地应急避险场所实施率。⑬水体岸线自然化率。⑭城市历史风貌保护。⑮风景名胜区、文化与自然遗产保护与管理。

城市园林绿化评价等级

城市园林绿化评价等级是为设市城市园林绿化评价设立的等级。根据《城市园林绿化评价标准》（GB/T 50563—2010），城市园林绿化评价应由高到低分成四个标准等级，分别为城市园林绿化Ⅰ级、城市园林绿化Ⅱ级、城市园林绿化Ⅲ级和城市园林绿化Ⅳ级。

城市园林绿化综合评价值

城市园林绿化综合评价值是评价城市园林绿化水平在城市中的地位和作用的指标，包括以下几个部分：①城市绿地格局对城市环境的影响。包括是否有利于缓解城市空气的污染、是否有利于城市组团的形成或起到防止城市建成区无序扩大的作用。②园林绿化对城市自然资源的保护和合理利用程度。包括对于城市河流、湖泊、沼泽、林地、山地等自然资源的保护和合理利用，与建设管控中的"其他绿地"控制比较，这里更强调合理利用。③城市园林绿化对于城市风貌形成的作用。主要评价具有代表性的城市风貌中城市园林绿地所起的作用。④在城市功能性质定位中的地位和作用。城市园林绿地建设对城市的旅游发展、城市宜居水平和生态水平的提高均能发挥重要作用。

城市组团隔离绿地

城市组团隔离是城市组团隔离带中的绿地，属于防护型绿地，主要由城市组团之间具有隔离作用的城市公园、城市风景区、森林公园、郊野公园、防护林带、山林、湿地、果园、牧场或农田等组成。

城市组团隔离绿地具有隔离功能、生态保育功能、农业生产功能、景观游憩功能等，可保持区域绿色空间的连续性，阻止城市各组团用地无序蔓延，形成良好的生态安全格局，在具体实践中也可以起到疏散中心城市人口和产业的作用。在城市组团隔离绿地内，严格控制无关的开发活动，允许市政设施和适度旅游休闲项目的建设，

城市组团隔离绿地

可适当采用将绿地与项目开发相结合的方法，但建设性项目应保证绿地面积大于 80%，开发用地小于总用地的 20%。

垂直绿化

广义的垂直绿化即为立体绿化；狭义的垂直绿化指墙体的部分或全部表面被植物覆盖，因此也被称为绿墙、活墙。

垂直绿化能够快速、可靠、美观地在人工建筑物、构筑物表面覆盖

多样性植物，因而具有显著的生态、社会和经济效益。

根据植物种植技术的不同，可分为传统垂直绿化和新型垂直绿化两类。①传统垂直绿化。主要是利用藤本植物攀附于墙面之上，或者是在墙体前设置网状物、栅栏等设施使植物缠绕其上，通常包括地栽、盆栽、预留种植槽栽植、贴植等绿化形式。②新型垂直绿化。利用支撑构架和人工种植槽固定植物，是一个有完整结构的

传统垂直绿化

新型垂直绿化

绿化系统，通常有精密的灌溉系统作支撑。新型垂直绿化根据植物种植方式的不同，可分为容器式、模块式、草毯式、水培式等几种类型。

立体绿化

立体绿化是在建（构）筑物及其他空间结构的表面、地下和上部空间等人工环境中，选择各类适宜植物，进行多层次、多功能的绿化与美化建设，以改善局地气候和生态服务功能、拓展绿色空间、美化人居环境的绿化活动。

立体绿化主要包括屋顶绿化、墙体绿化、阳台绿化、桥体绿化、护坡绿化、立体花坛等绿化形式。

立体绿化是实现绿色建筑的有效途径。绿色建筑是在全寿周期内，最大限度地节约（节能、节地、节水、节材）、保护环境和减少污染，为人们提供健康、适用和高效的使用空间，与自然和谐共生的建筑。传统绿化是"先建筑再绿化"，绿化起到的是装饰、补偿的作用，而立体绿化作为一种新的绿化形式与理念，同时也是一项新的建筑技术，是绿色建筑设计、实施的重要组成部分。

生态承载力

生态承载力从自然生态学角度，指在某一特定环境条件下，生态系统所能容纳的最大种群数量；从人类生态学角度，指生态系统自我维持与调节的能力，资源与环境子系统的供容能力及其可维育的社会经济活动强度和具有一定生活水平的人口数量。又称生态系统承载力。

生态承载力与资源承载力、环境承载力、生态弹性力相关。其中，资源承载力是其基础条件，环境承载力是其约束条件，生态弹性力是其支持条件。

生态承载力主体为可利用的资源和环境系统，客体为人类社会的经济系统。承载力既表现在主体对客体的供给和维持，也表现在主体对客体的限制与约束。生态承载力是生态系统维持平衡的量度，超过这个量度，自然体系将失去维持平衡的能力。

生态承载力以生态系统对人类活动的抗干扰能力来衡量。其量化的估算方法有生态足迹分析法、自然植被净第一性生产力测算法、供需平衡法、状态空间法、模型预估法等。

生态承载力具有客观性、可变性和层次性等特点。①客观性。生态承载力的客观承载性是生态系统最重要的固有功能之一，这种固有功能一方面为生态系统抵抗外力的干扰破坏提供了基础，另一方面为生态系统向更高层次的发育奠定了基础。②可变性。生态承载力虽然客观存在，但不是固定不变的，因此应按照对客体有利的方式提高系统的生态承载力。③层次性。生态承载力表现在景观、区域、地区，以及生物圈各个层次的生态系统水平上。在不同层次水平上，生态承载力不同。

水体岸线自然化率

水体岸线自然化率是国家园林城市、国家生态园林城市、国家园林县城的考核指标之一。

申报国家园林城市、国家生态园林城市、国家园林县城时，城市规划区内的较大型河道和水体岸线自然化率要求 ≥ 80%。

水体岸线自然化率的计算公式为：

水体岸线自然化率（%）＝符合自然岸线要求的水体岸线长度（千米）

÷ 水体岸线总长度（千米）×100%

水体岸线自然化率的考核说明： ①纳入统计的水体，应包括国土空间规划中的河流、湖泊、湿地等陆地水域。②纳入自然岸线统计的水体应同时满足以下两个条件，一是在满足防洪、排涝等水工（水利）功能基础上，岸体构筑形式和所用材料均符合生态学和自然美学要求，岸线形态接近自然形态；二是滨水绿地的构建本着尊重自然地势、地形、生境等原则，充分保护和利用滨水区域原有野生和半野生生境。③岸线长度为河道两侧岸线的总长度。④具有地方传统特色的水巷、码头和历史名胜公园的岸线可不计入统计范围。

四旁绿化

四旁绿化是在农村宅旁、村旁、路旁和水旁进行的绿化植树，又称四旁植树。

1955 年 12 月，毛泽东在征询对农业十七条的意见时批示："在十二年内，基本上消灭荒山荒地，在一切宅旁、村旁、路旁、水旁，以及荒地上荒山上，即在一切可能的地方，均要按规格种起树来，实行绿化。"把消灭荒山作为发展农业十七条中的第九条，并且第一次提出要在农村宅旁、村旁、路旁、水旁绿化，即"四旁绿化"。

四旁绿化是防风固沙、蓄水保土、调节气候、护堤、护岸、改善生态平衡、美化生活环境、有益身心健康的生物措施，还可以生产木材和"三料"（燃料、饲料和肥料）等林副产品。在山、水、田、林、路等基本建设规划的基础上，搞好四旁绿化，使之与其他工程紧密结合起来，在土地利用和合理布局上各得其所。

第5章

绿地指标

　　绿地指标是反映城市绿化建设数量与质量效果的量化方式，可以作为城市绿地系统建设的目标依据，在指导城市园林绿地建设和评价城市绿地质量与水平方面起到指向标的作用。

　　因不同国家经济、人口和国土面积等方面存在较大差异，各国在选用城市园林绿地指标方面均有所不同。中华人民共和国成立后，建设部于1950年发布了公园个数与面积、公园每年的游人量、树木株数等城市园林绿地指标。1979年，《关于加强城市园林绿化工作的意见书》中首次提出将绿化覆盖率作为城市园林绿化的指标。此后，中国在城市园林绿地系统规划编制和建设中确定了主要采用的城市人均公共绿地面积（米^2/人）、城市绿地率（%）和城市绿化覆盖率（%）三大指标。1992年，为推动城市园林绿化事业的发展，建设部制定了《创建国家园林城市实施方案》和《国家园林城市标准》，并提出了国家园林城市基本指标。1993年，建设部颁布《城市绿化规划建设指标的规定》，提出依据不同的人均城市用地面积标准确定城市绿化规划指标。2002年，在建设部发布的《城市绿地分类标准》（CJJ/T 85—2002）中正式提出城市园林绿地的三个主要统计指标：人均公园绿地面积（米^2/人）、人均绿地面积（米²/人）、绿地率（%）。2017 年修订的《城市绿地分类标准》（CJJ/T 85—2017）增加了城乡绿地率指标。

随着社会经济发展与居民生活水平的提高，城市园林绿地建设的各项指标标准也应提高。中国城市园林绿地建设的指标标准主要按照中华人民共和国住房和城乡建设部，以及各省、市、县（区）制定和颁布的法规与规定文件来确定。各文件对各项绿地指标的规定只是最低标准和最基本要求，城市园林绿地建设应首先保证满足该标准。

城市公园绿地服务半径覆盖率

城市公园绿地服务半径覆盖率是面积 5000 平方米以上的公园绿地按其服务半径覆盖的居住用地面积占居住用地总面积的百分比。

一般来说，公园绿地服务半径应以公园各边界起算；建成区内非历史文化街区范围内面积大于 5000 平方米的城市公园绿地应按照至少 500 米的服务半径覆盖居住用地面积的百分比进行评价。国家园林城市标准中规定城市公园绿地服务半径覆盖率应 ≥ 85%。

城市公园绿地总面积

城市公园绿地总面积是城市中所有公园绿地的面积之和，包括城市中各类综合公园、社区公园、专类公园和游园的面积。

各类公园绿地面积均应包含其范围内被纳入建设用地的水域；若水域面积特别大，也可以进行折算后再计入绿地面积。城市公园绿地是城市绿地系统的重要组成部分，具有游憩、生态、美化、防灾等多种功能，其总面积反映了城市居民享受公园绿色景观服务质量的整体水平。

城市人均公园绿地面积

城市人均公园绿地面积是城市公园绿地面积的人均占有量。反映了城市居民享有公园绿地的质量，用城市公园绿地面积与城市人口数量的比值来表征。

中国绝大多数城市人均公园绿地面积较低，国家园林城市标准为12 米 ^{2}/ 人。公园绿地中被纳入建设用地之外的河流、湖泊不应计入公园绿地面积。

公园绿地均布率

公园绿地均布率是城市中所有公园绿地按其服务半径所覆盖的居住用地面积占所有居住用地总面积的百分比。

公园绿地空间分布位置的不同，决定了其所提供的景观服务能否被城市居民便捷、公平地享用。公园绿地均布率是衡量公园绿地服务社会公平性的重要指标，反映了城市居民对公园绿地的便捷利用程度。中国对该指标尚未有统一的标准规定，公园绿地均布合理性需依据各城市经济与社会发展及其自然资源禀赋综合决定。

绿　量

绿量是从植物空间占据的体积来反映绿地绿化水平及其生态作用的指标。即绿地中植物生长的茎、叶所占据的空间体积的量，单位一般采用"立方米"表示。又称绿化三维量、三维绿色生物量。

绿量的主要优势在于能够更好地评价城市绿化在空间结构方面的差异,使绿化评价指标由二维转向了三维。随着遥感和计算机技术的发展,绿量可采用立体摄影测量方法、立体量推算立体量方法、数字摄影测量方法、平面量模拟立体量方法等测定和统计。

绿容率

绿容率是单位土地面积上植物的总绿量,又称绿量容积率。

绿容率通常指场地内各类植被叶面积总量与场地面积的比值,反映规划建设用地上单位面积的总绿量,是对城市规划、城市绿地系统规划、城市控制性详细规划等进行生态效益水平控制的绿化指标。绿容率指标的使用,可保障单位面积上绿地的科学生物总量,约束城市绿化建设的投机行为,从而提高城市园林绿化建设的品质与效率。

绿视率

绿视率是人的视野里绿色植物所占的比例。

绿视率应用心理物理学在景观环境与观察者判断之间建立量化的数学表达关系,从视觉感官上反映人们对绿色的感受,科学评估城市绿地的视觉价值。实验证明,不同面积与质量的绿化会使人产生不同的心理感受。一般来说,当绿视率低于15%时,人工痕迹的感觉会明显增加;而当绿视率大于15%时,自然的感觉则会倍增。绿视率是基于人对环境的感知判断量化的,因而带有一定的主观性。此外,绿色植物会随时间和空间的变化而不断变化，绿视率也因此成为一个动态的衡量指标。

人均有效避难面积

人均有效避难面积是城市绿地中避难人员平均每人所占有的有效避难场所面积。有效避难场所面积需扣除绿地总面积中的水域面积、沼泽面积、山地面积、消防道路使用面积、受次生灾害影响的面积等不适合避难的区域面积。一般来说，作为紧急避震疏散场所的绿地，人均有效避难面积应考虑人站立时所需的面积，有条件的地方可以在 1 平方米以上；而作为固定避难疏散场所的绿地，则应考虑人睡眠时所需的面积且同时满足避难人员一定的生活活动空间需求，应至少 2 平方米。

万人拥有综合公园指数

万人拥有综合公园指数是建成区内每万人城市人口所拥有的大于 10 公顷的综合公园个数。城市人口数量统计应与城市人均公园绿地面积的人口数量统计口径一致，而纳入统计的综合公园则应符合现行行业标准《城市绿地分类标准》（CJJ/T 85—2017）中的规定。

第 6 章

绿地系统

历史文化风貌区

历史文化风貌区是历史格局和历史风貌保存较为完整的集中连片区域。

历史文化风貌区可以体现城市某一历史时期的地域文化特征，具有较高的历史、艺术、科学价值。在"历史文化名城""历史城区""历史文化街区""文物保护单位"四级保护层级中，历史文化风貌区在尺度规模上与历史文化街区处于同一等级，但并非法定保护对象。在上海、天津、江苏南京、湖北武汉、广东广州等国家历史文化名城的保护规划实践中，历史文化风貌区虽然未达到历史文化街区的保护标准，但作为历史文化街区（重点历史地段）的拓展与补充，对于丰富保护层级具有十分重要的现实意义。

江苏省淮安市盱眙县第一山历史文化街区

绿色生态城区

绿色生态城区是在空间布局、基础设施、建筑、交通、产业配套等方面,按照维护生态平衡、资源节约、环境友好的要求进行规划、建设和运营的区域。

2017年7月31日,中华人民共和国住房和城乡建设部正式发布国家标准《绿色生态城区评价标准》(GB/T 51255—2017),自2018年4月1日起开始实施。标准中规定:申报绿色生态城区的城区规模不应小于3平方千米,并且具有明确的规划用地范围;绿色生态城区评价应结合城区所在地域的气候、环境、资源、经济及文化等特点,对土地利用、生态环境、绿色建筑、资源与碳排放、绿色交通、信息化管理、产业与经济、人文8类指标进行综合评价;绿色生态城区分为一星级、二星级、三星级3个等级。

绿色生态城区作为一种追求最大限度地减少资源与能源消耗、保护生态环境、改善人居环境的可持续发展模式,已经逐渐成为世界建设的主流方向,并在欧洲、北美洲、亚洲等主要国家开展了实质性建设实践。如美国绿色建筑委员会建立并推行的绿色社区认证体系,主要从精明选址及连通性、邻里模式和设计、绿色基础建设3方面对可持续发展的邻里开发提出要求,以实现精明、健康和绿色的邻里开发目的;日本可持续建筑协会开发建立的建筑物综合环境性能评价系统主要从环境负荷和建筑质量两方面对城市的可持续发展进行评估,即要求在对环境产生尽可能小的负荷下保证尽可能高的质量;英国建筑研究组织开发建立的英国建筑研究院环境评估方法从气候和能源、交通、生态环境、商业和社区 5 方面阐述了关键的环境、社会和经济可持续目标,规划政策需求和实施策略。

2012 年,中华人民共和国住房和城乡建设部、财政部印发了《关于加快推动我国绿色建筑发展的实施意见》。贵阳市中天未来方舟生态新区、重庆悦来国际生

唐山湾(曹妃甸)生态城

态城区、长沙市梅溪湖生态城区、深圳市光明生态新区、唐山湾(曹妃甸)生态城、天津中新生态城、昆明市呈贡生态新区、无锡太湖生态新城 8 个城市新区被认定为第一批国家级绿色生态城区。

绿 线

绿线是城市各类绿地范围的控制线。城市各类绿地涵盖了公园绿地、生产绿地、防护绿地、附属绿地、其他绿地等城市所有绿地类型。

为建立并严格实行城市绿线管理制度,加强城市生态环境建设,创造良好的人居环境,促进城市可持续发展,2002 年中华人民共和国建设部第 63 次常务会议审议通过并发布了《城市绿线管理办法》(建设部令第 112 号),自 2002 年 11 月 1 日起施行。标志着绿线受到了国家法规的保护,这对加强城市绿地建设,减少和杜绝侵占城市绿地的行为提供了法律的保证。

《城市绿线管理办法》明文规定城市绿线内的用地不得改作他用,

不得违反法律法规、强制性标准，以及批准的规划进行开发建设。有关部门不得违反规定，批准在城市绿线范围内进行建设。因建设或者其他特殊情况，需要临时占用城市绿线内用地的，必须依法办理相关审批手续。在城市绿线范围内，不符合规划要求的建筑物、构筑物及其他设施应当限期迁出。

◆ **分类**

城市绿线分为现状绿线、规划绿线和生态控制线。现状绿线是指建设用地内已建，并纳入法定规划的各类绿地边界线。规划绿线指建设用地内依据国土空间规划、城市绿地系统规划、控制性详细规划、修建性详细规划划定的各类绿地范围控制线。生态控制线指规划区内依据国土空间规划、城市绿地系统规划划定的，对城市生态保育、隔离防护、休闲游憩等有重要作用的生态区域控制线。

◆ **划定内容**

城市用地根据各类用地的大类、中类和小类在国土空间规划、控制性详细规划和修建性详细规划不同阶段分层次逐步落实，城市各类绿地同样也随着城市各类用地的各阶段规划而逐步落实。因此，在实际操作中无法一次划定全部的城市绿线，而是随着城市绿地的逐步落实而划定绿线。总体规划阶段的绿线是划定的基础，控制性详细规划阶段的绿线是总体规划阶段绿线划定的深化，修建性详细规划阶段绿线是对控制性详细规划阶段绿线划定的补充落实。正是逐步深入和动态实施的绿线划定，才能保证在城市动态发展过程中对城市绿地进行准确而有效的管理。

国土空间规划阶段应结合城市绿地系统规划进行，应当确定城市绿化目标和布局，规定城市各类绿地的控制原则，按照规定标准确定绿化用地面积，分层次合理布局公共绿地，确定防护绿地、大型公共绿地等的绿线。总体规划阶段绿线划定的范围和绿线类型包括两个方面，一是中心城区建设用地内的绿地，划定现状绿线和规划绿线；二是规划区非建设用地内划定的生态区域控制线。两方面内容共同组成完整的总体规划阶段绿线。

◆ **划定依据与方法**

总体规划阶段绿线划定的依据为国土空间规划，按照中国国家现行标准《国土空间调查、规划、用途管制用地用海分类指南》和《城市绿地分类标准》（CJJ/T 85—2017），城市总体规划的绿地分类通常分到大类，城市绿地系统规划的绿地可落实到中类，因此在城市总体规划阶段应在建设用地内划定公园绿地、防护绿地的现状绿线和规划绿线；规划区非建设用地范围内应依据城市绿地系统规划划定生态控制线。生态控制线划定应按照绿地系统规划及国土空间规划对"禁止建设区""限制建设区"的要求，划定规划区非建设用地内大类生态区域的控制线，即城市生态保障区域、基础设施防护隔离区域、休闲游憩区和其他区域。生态控制线应涵盖《城市绿地分类标准》（CJJ/T 85—2017）中规定的"区域绿地"及保障城市基本生态安全的城市生态空间。

控制性详细规划阶段应当提出不同类型用地的界线，规定绿化率控制指标和绿化用地界线的具体坐标。控制性详细规划阶段应以现状绿地和控制性详细规划为依据，划定公园绿地、防护绿地和广场用地现状绿线和规划绿线及附属绿地现状绿线。

绿　楔

绿楔是从城市外围呈楔形嵌入城市内部，纵向分隔城市边缘组团，限制城市面积无限扩展的绿地，是城市绿地系统的重要组成部分。

自第二次工业革命后，现代城市开始进入经济高速发展时期，随之而来的还有城市人口密度增大、空间无序扩张、交通拥挤混乱和生态环境污染与破坏等一系列问题。为了防止城市"摊大饼"式扩张，组团式分散布局的模式与由环城绿带控制与引导城市发展的方式应运而生。在对外交通干线加强连通性的基础上，在组团之间规划生态隔离区，这种大规模的生态隔离区连接郊野自然基底，呈楔状嵌入城区，称为绿楔。但不是城市里任何一块楔形的绿地都能叫作绿楔。

《莫斯科绿地系统规划》（1935）中提出了在城市用地外围建立"森林公园带"，并结合环行放射状路网体系与城市水系，建立多条由城市中心通往环城森林带的生态廊道，由此形成城市楔形绿地体系，将城市分隔为多中心结构。此时，城市楔形绿地体系在夏季引入凉爽的空气，冬季改善城市空气质量方面的作用已经初显。1947 年，哥本哈根开展了"手指形态规划"，从哥本哈根中心向北、西和南面规划汇集到丹麦历史古市场的五个手指状的城市发展方向，五个手指之间则为开放的绿楔用地。在 20 世纪 70 年代的墨尔本规划中，亦采用廊道的形式，廊道之间被农田和生态敏感地带组成的绿楔分隔。2007 年的大墨尔本 2030 规划对绿楔进行景观和生态保护，并制定了严格保护规划。

在对绿楔的研究初期，中国受苏联的影响较大。苏联 L.B. 卢恩茨在 1956 年的著作《绿化建设》中，提出了大片绿地深入市区，接近市中心以及城内和城郊的公园连成两个环状系统，并在由中心向外的辐射方向补充林荫大道、花园和公园等城市绿地系统规划原则，初步探讨了绿环、绿楔的设置。程世抚也基于此，提出公园绿地用林荫道、绿色走廊连接，从四郊楔入城市并分割居住区；设置环城林带，与楔形绿地系统连接起来等原则。

为了应对现代城市潜在的问题，中国大量城市在一定程度上采用了绿楔结构，以完善城市的绿地整体布局。例如，武汉市绿地系统规划中提出的"两轴五环、六楔多点多廊"生态框架体系，又如嘉兴的"一心、三环、三楔、三园、七带和多点"。此外，北京、上海等城市的绿地系统规划也都采用了绿楔结构。

绿楔因联系城市与郊区的分布特征，拥有着其他形态绿地难以代替的生态效益，尤其是城市气候效益。绿楔可以构成联系市区与郊区的绿色通风廊道，缓解热岛效应，为天然、有序地保障城市内部高密度的居民健康地生产生活发挥积极作用。对于城市来说，楔形绿地生态服务功能十分丰富，例如对污染空气的净化、降温作用，对废弃物的脱毒、降解作用，以及对噪声、沙尘的隔离作用，还包括对污染物的预警等；对于生物与环境，绿楔凭借其楔形的形态特征，可以构建城市的生态廊道，满足生物多样性保护的需求；其连接城市内外的特征，对城乡统筹的绿色基础设施建设也有着重要作用。

绿　网

绿网是应用景观生态学、保护生物学等思想，从空间结构上解决环境问题的规划范式，全称绿地生态网络。

19世纪60年代，城市绿地生态网络的概念被提及，源起时被称为"连接"的线性开放空间，20世纪70年代才被正式提出。从最初用以连接公园的公园道路式的线性通廊，到将公园道路或河流作为骨架的开放空间廊道，再到以未利用土地和开放空间保护以及开发休闲功能为目标的廊道系统，逐步形成网络化的发展趋势。其功能也从单纯提高绿地空间的可达性及侧重游客观赏体验，发展成既能保护绿地生态空间，控制城市无序蔓延，又能满足人们对于文化游览、参观教育、生态体验等需求的多功能多目标的战略性生态框架。

对于这一概念，北美较多使用绿道网络，欧洲则较多使用绿地生态网络，其内涵基本相同。

绿地生态网络被定义为一种通过流动机制与其他空间系统连接并与其所嵌入的景观体系进行互动的生态系统类型。在中国被普遍接纳的概念是除了建设区域或者是用于集约农业、工业或其他人类高度活动的地区，自然或有稳定的植被覆盖和按照自然法则连接的空间，主要集中在植被、河流和农业土地，关注自然的过程和特点。其将点状、面状的各类绿地斑块，从大面积的郊野公园、自然保护区、风景名胜区到小面积的城市公园、街头绿地，从山地、河流、湿地等自然资源到农田、果园、苗圃等人工绿地，用线状廊道进行连接，共同构成一个网络化的，弹性高效、自然多元的绿地生态系统，从而促进自然与城市健康发展并协调互动。

在物质空间上，城市绿地生态网络的概念是通过绿地斑块和廊道构成的具有生态意义的网络系统结构，它的基础是城市绿色空间，主要作用包括保护生物多样性、恢复整体景观格局、保护生态环境、改善城市景观质量等。与城市建设用地形成图底关系，且与城市开放空间和娱乐系统在某种程度上是重叠的。其构成要素主要包括核心区、廊道、缓冲区三个部分。

绿道网和绿色基础设施规划都是绿地生态网络漫长演变史中的产物，两者是绿地网络功能多样化、综合发展的典型代表，绿地生态网络更强调空间的网络化，核心功能为自然保护，可以是单一功能的，也可以是功能多样的。而绿道网关注功能多样化，以自然保护、美学、游憩、文化为主。绿色基础设施规划具备前瞻性与主动性，相较于绿地生态网络和绿道网而言，它更加强调规划与土地利用及城市基础设施发展之间的联动，并倾向于以一种较为主动的方式去建设、管理、维护、修复，甚至重建绿色空间网络，从而为城市提供一个生态化、可持续化的未来发展框架。

当这一概念经过大量的科学研究与工程实践而上升为有意识的规划理念之时，绿地生态网络规划理念则具有了里程碑式的意义：①第一次全面系统地把绿地生态空间规划中结构形态与功能作用两者通过格局与自然过程（流）联系起来，结束了长期以来两者游离的状态，是人类对绿地生态空间规划认识的一次突变。②使人类对于自然绿色空间的保护形成了从点状保护到线性连接、再到点线面结合为一体的全面系统化的认识。③使绿色生态空间规划走出了模式化的空间形态布局的局限，还以大自然原本健康、有机、多样的形态。④推动促进了从交通、用地决定城市形态到以自然生态空间为用地规划骨架的城乡规划导向的转变，是现代风景园林景观学对人居环境学的重要贡献。

生态城市

生态城市是 20 世纪 70 年代以来，随着经济全球化、工业化、城市化进程的加快和人口、资源、环境问题的加剧而提出的城市发展理念和规划建设模式。

1971 年，联合国教科文组织发起了"人与生物圈计划"，强调用生态学方法来研究人与环境之间的相互关系，并首次提出"生态城市"概念。

"生态城市"概念自提出以来，其内涵不断得到丰富，有许多学者对其基本概念贡献了关键性思想。

1981 年，苏联生态学家 O. 亚尼科茨认为：生态城市是一种理想城市模式，其中技术与自然充分融合，人的创造力和生产力得到最大限度的发挥，居民的身心健康和环境质量得到最大限度的保护，即指按生态学原理建立起来的一类社会、经济、自然协调发展，物质、能量、信息高效利用，生态良性循环的人类聚居地。1987 年，美国生态学家 R. 雷吉斯特在论著《生态城市伯克利：为一个健康的未来建设城市》中指出："生态城市追求人类和自然的健康与活力，即生态健全的城市，是紧凑、充满活力、节能并与自然和谐共存的聚居地"，同时提出了建设生态城市的 8 条基本原理和 7 条策略。1992 年，澳大利亚建筑师 P.F. 唐顿在第二届国际生态城市会议上指出："生态城市就是人类内部、人类与自然之间实现生态上平衡的城市。"

中国学者黄光宇认为：生态城市是根据生态学原理，综合研究城市生态系统中人与"住所"关系，并应用社会工程、生态工程、环境工程、系统工程等现代科学与技术手段，协调现代城市经济系统与生物的关系，保护与合理利用一切自然资源，提高人类对城市生态系统的自我调节、修复、维护和发展能力，使人、自然、环境融为一体，互惠共生。1997年，黄光宇和陈勇从社会、经济和自然三个系统协调发展的角度，提出了创建生态城市的10条评判标准及整体规划设计方法，并在此基础上，于2002年出版了中国第一部全面阐述生态城市理论和规划设计方法的专著《生态城市理论与规划设计方法》。1994年，王如松提出了建设"天城合一"的中国生态城思想，认为生态城的概念包括3个层次：第一层次应为自然地理层，这一层次是城市人类活动的自发层次，是城市生态位的趋势、开拓、竞争和平衡过程，最后达到地尽其能，物尽其用；第二层次是社会－功能层，重在调整城市的组织结构及功能，改善子系统之间的冲突关系，增强城市这个有机体的共生能力；第三层次即文化－意识层，旨在增强人的生态意识，变外在控制为内在调节，变自发为自为。王如松同时提出了生态城市建设的10大生态控制论原理和3大标准。

田园城市

田园城市是19世纪末英国社会活动家E.霍华德提出的关于城市规划的设想。

田园城市与一般意义上的花园城市有着本质的区别。1919年，田园城市和城市规划协会与霍华德协商，对田园城市下了一个简短的定义："田园城市是为安排健康的生活和工业而设计的城镇；其规模要有可能满足各种社会生活，但不能太大；被乡村带包围；全部土地归公众所有或者托人为社区代管。"

霍华德设想的田园城市包括城市和乡村两个部分。城市四周为农业用地所围绕；城市居民经常就近得到新鲜农产品的供应；农产品有最近的市场，但市场不只限于当地。田园城市的居民生活于此，工作于此。所有的土地归全体居民集体所有，使用土地必须缴付租金。城市的收入全部来自租金；在土地上进行建设、聚居而获得的增值仍归集体所有。城市的规模必须加以限制，使每户居民都能极为方便地接近乡村自然空间。霍华德还设想了田园城市的群体组合模式：由6个单体田园城市围绕中心城市，构成城市组群，他称之为"无贫民窟、无烟尘的城市群"。其地理分布呈现行星体系特征。中心城市的规模略大些，建议人口为58000人，面积也相应增大。城市之间以快速交通和即时迅捷的通讯相连。各城市经济上独立，政治上联盟，文化上密切联系。

低碳城市

低碳概念最初产生于经济发展领域。2003年的英国能源白皮书《我们能源的未来：创建低碳经济》第一次提到"低碳经济"概念，指出通过更少的自然资源消耗和环境污染，获得更多的经济产出，通过创造更高的生活标准和更好的生活质量的途径和机会，为发展、应用和输出先进技术创造新的商机和更多的就业机会。随后，低碳的理念扩展到社会生活领域。日本于 2007 年开始致力于低碳社会的建设，并于 2007 年 2 月颁布了《日本低碳社会模式及其可行性研究》，以日本 2050 年二氧化碳（CO_2）排放在 1990 年水平上降低 70% 为目标，提出了可供选择的"低碳社会"模式。

太阳能发电设备

随着城市化进程的加速，加之城市巨大的温室气体排放贡献率，城市很快成为人类验证低碳经济和低碳社会

中国深圳当代艺术与城市规划馆

理论、实现低碳发展的空间载体。2007 年，学术界开始出现"低碳城市"提法，可见低碳城市是低碳经济和低碳社会的融合，旨在通过经济发展模式、消费理念和生活方式的转变，在保证生活质量不断提高的前提下，实现有助于减少碳排放的城市建设模式和社会发展方式。不同学者和组织从不同的角度对低碳城市进行了描述。

低碳城市主要关注和涉及能源、建筑、交通、产业、绿色生态、城市空间形态 6 方面。①能源方面。尽可能利用可再生能源，如太阳能、地热及风能等零排碳能源替代常规能源。②建筑方面。以绿色建筑为主，包括建筑技术的创新、新的建筑材料的使用等方面。③交通方面。

限制小汽车，提倡公共交通出行、自行车出行及步行，包括城市政策、经济等方面对低碳交通的支持。④产业方面。以低碳经济为目标的产业结构的调整、产业技术的升级、产业空间的优化。⑤绿色生态方面。加强绿色生态保护，积极发展和扩大城市绿地面积，实施高品质的城市绿化，充分利用绿色植物的光合作用，提高城市碳汇效应。⑥城市空间形态方面。形成以减少碳排放为

公共自行车租赁

城市绿地

主的紧凑发展形态、土地混合使用、减少城市室外空间的硬地面积、适宜绿色出行的地块尺度。

2008 年 1 月，中华人民共和国住房和城乡建设部与世界自然基金会（WWF）以河北省保定市和上海市为试点，联合推出"低碳城市"发展示范项目，标志着低碳城市建设在中国正式起步。2010 年 8 月，国家发展和改革委员会启动了低碳省区和低碳城市试点工作，在广东、辽宁、湖北、陕西、云南 5 省和天津、重庆、深圳、厦门、杭州、南昌、贵阳、保定 8 市进行探索性实践。

国家园林城市

国家园林城市是规划科学合理、绿量充足、绿色空间布局合理、历史文化传承、生态环境良好、人居环境舒适的城市。

◆ 概念

园林绿化是城市不可或缺的基础设施，也是城市唯一有生命的基础设施，担负着维护城市生态环境、提高人居生活质量、弘扬优秀传统文化、融合世界先进理念的重任，承担生态环保、休闲游憩、景观营造、文化传承、科普教育、防灾避险等多种功能。

1992 年，中华人民共和国建设部（今住房和城乡建设部）为鼓励促进城乡园林绿化建设、改善人居生态环境，使城市通过有序的系统创建工作，实现城市规划科学合理、绿量充足、绿色空间布局合理、历史文化传承、生态环境良好、人居环境舒适，设立达标考核——国家园林城市，其创建内涵不断丰富，标准几经修订，指标体系逐步完善。国家园林城市的创建以尊重自然、顺应自然、保护自然为基本理念，坚持政府主导、全民参与，以人为本、功能完善，生态优先、保护优先，全面统筹、协调发展的基本原则，将国家园林城市创建工作作为城市（县城、城镇）建设工作的强力抓手，全面推进。

◆ 发展

1990 年 7 月，钱学森给吴良镛写信，提出了"山水城市"的思考。在 1993 年的"山水城市讨论会"中，钱学森指出山水城市是把中国传统园林思想与整个城市结合起来，同整个城市的自然山水条件结合起来，要让每个市民生活在园林之中。吴良镛指出"山水"泛指自然环境，"城市"泛指人工环境,"山水城市"则是提倡人工环境与自然环境协调发展,其最终目的在于建立人工环境与自然环境相融合的人类聚居环境。"山水城市"是落实中国特色城市的一个方向,中国园林的特征很大程度上受到山水诗、山水画的影响,中国国土 60% 以上是山地,水贯穿其间,而"国必依山水"需要把山水画融入城市建设中。城市建设的终极方向为"山水城市",其为"园林城市"的升华,而建设国家园林城市即为实现"山水城市"的一个阶段性建设目标。

1992 年,为了促进城市绿化事业的发展、改善生态环境、美化生活环境、增进人民身心健康,中华人民共和国国务院颁布《城市绿化条例》(国务院令第 100 号),提出"条例适用于在城市规划区内种植和养护树木花草等城市绿化的规划、建设、保护和管理;城市人民政府应当把城市绿化建设纳入国民经济和社会发展计划;国家鼓励和加强城市绿化的科学研究,推广先进技术,提高城市绿化的科学技术和艺术水平",标志着城市园林绿化工作走上了法制化轨道。为做好城市绿化工作,建设部同年开始了国家园林城市的创建活动,其重点在城市的绿化建设,并通过创建园林城市带动其他基础设施的建设和完善,促进城市的标准化、规范化、科学化管理。

2000 年,为加快城市园林绿化建设步伐,提高城市建设管理水平,使创建国家园林城市活动更加规范化、标准化和制度化,制定创建国家园林城市实施方案,建设部制定了《创建国家园林城市实施方案》和《国家园林城市标准》(建城〔2000〕106 号)。

2001 年,国务院召开了全国城市园林绿化工作会议,并印发《国务院关于加强城市绿化建设的通知》（国发〔2001〕20 号），要求"继续做好建设园林城市工作，通过明确目标，科学考核，使更多的城市成为园林城市"。

2004 年，建设部在创建国家园林城市的基础上，印发《关于创建"生态园林城市"的实施意见》，开展创建"生态园林城市"工作。

2005 年，建设部印发《关于印发〈国家园林城市申报与评审办法〉、〈国家园林城市标准〉的通知》（建城〔2005〕43 号），对建设部《创建国家园林城市实施方案》及《国家园林城市标准》进行了修订。

2006 年，建设部印发《建设部关于开展创建国家园林县城活动的通知》（建城函〔2006〕4 号），国家园林城市的创建工作往县、镇延伸，园林城市创建自此涵盖了城市、县城及建制镇。

2010 年，住房和城乡建设部同国家质检总局联合印发园林绿化的国家标准 《城市园林绿化评价标准》（GB/T 50563—2010），住房和城乡建设部修订了《国家园林城市申报与评审办法》，出台《关于印发〈国家园林城市申报与评审办法〉、〈国家园林城市标准〉的通知》（建城〔2010〕125 号）。

2015 年，召开中央城市工作会议，会议指出城市建设要以自然为美，把好山好水好风光融入城市，要大力开展生态修复，让城市再现绿水青山。

2016 年，为全面贯彻中央城市工作会议精神，加快推进生态文明建设，更好地发挥创建园林城市对促进城乡园林绿化建设、改善人居生态环境的抓手作用，再次在广泛征求各地、各有关部门、有关方面意见的基础上，组织修订了标准和管理办法，印发的《国家园林城市系列标准》及《国家园林城市系列申报评审管理办法》（建城〔2016〕235 号），与《中华人民共和国城乡规划法》所要求的城市、镇规划区范围一致，标志着国家园林城市系列考评体系正式完整建立。

2017 年，印发《住房和城乡建设部办公厅关于调整〈国家园林城市系列标准〉有关考核指标的通知》（建办城函〔2017〕290 号），调整了有关城市园林绿化机构的指标要求。

2022 年，住房和城乡建设部印发了《住房和城乡建设部关于印发国家园林城乡申报与评选管理办法的通知》（建城〔2022〕2 号）。

◆ 创建

要点

国家园林城市系列创建是民生工程。国家园林城市系列创建工作是以园林绿化为主的促进城市（县城、城镇）规划、建设、管理工作全面提升的综合活动，是城市生态文明和新型城镇化建设的重要抓手，是为百姓营造宜居环境的重要手段。当今的园林绿地已经成为人们工作、居住之外的"第三生活空间"，园林绿化应以满足市民的需求为目的。

国家园林城市系列创建是系统工程。国家园林城市创建工作不是单纯的园林绿化，不是城市（县城、城镇）建设（园林）主管部门或者几个部门的工作，而是一项系统性、全面性工作，涉及城市（县城、城镇）规划、生态、环保、垃圾污水处理、供热、交通、建筑节能等各方面，需要政府主导，分解任务，各部门分工协作，全社会共同参与。

国家园林城市系列创建注重过程，只有起点没有终点。国家园林城市系列创建申报条件对年限有明确的要求，申报国家园林城市（县城、城镇）须获得省级园林相应称号两年以上，申报国家生态园林城市须获得国家园林城市称号两年以上，且申报城市（县城、城镇）应制定详细的创建工作方案、年度实施计划并向社会公示。

国家园林城市创建讲求科学创建。国家园林城市考核指标分为否决项、记分项和加分项等，除否决项实行一票否决以外，其他指标重在引导城市（县、镇）在园林绿化、市政设施、生态环境、节能减排、住房保障等方面，对照标准查漏补缺，发现短板，明确努力的方向与目标，逐个击破，通过创建推动城市建设管理水平的全面提升和人居环境的切实改善。

国家园林城市创建应彰显地域特色、突出历史文化内涵。中国古典园林为人们呈现了厚重灿烂的优秀传统文化，形成了博物馆式的园林体系；当代园林如何结合地域历史文化和时代发展精神，恰到好处地营造陶冶人们心灵的场所，需要认真研究和准确把握。

指标

国家园林城市标准包括7类。①综合管理。考核内容共7项：城市园林绿化建设维护专项资金；城市园林绿化科研能力；《城市绿地系统规划》编制实施；城市绿线管理；城市园林绿化制度建设；城市绿化管理信息技术应用；城市公众对城市绿化的满意率。②绿化建设。考核内容共14项：建成区绿化覆盖率；建成区绿地率；人均公园绿地面积；城市公园绿地服务半径覆盖率；万人拥有综合公园指数；城市建成区绿化覆盖面积中乔、灌木所占比率；城市各城区绿地率最低值；城市各城区人均公园绿地面积最低值；城市新建、改建居住区绿地达标率；园林式居住区（单位）、达标率（%）或年提升率（%）；城市道路绿化普及率（%）；城市道路绿化达标率（%）；城市防护绿地实施率（%）；植物园建设。③建设管控。考核内容共 11 项：城市园林绿化建设综合评价值；公园规范化管理；公园免费开放率（%）；公园绿地应急避险功能完善建设；城市绿道规划建设；古树名木和后备资源保护；节约型园林绿化建设；立体绿化推广；城市历史风貌保护；风景名胜区、文化与自然遗产保护与管理；海绵城市规划建设。④生态环境。考核内容共 15 项：城市生态空间保护；生态网络体系建设；生物多样性保护；城市湿地资源保护；山体生态修复；废弃地生态修复；城市水体修复；全年空气质量优良天数（天）；城市热岛效应强度（℃）；城市容貌评价值；城市管网水检验项目合格率（%）；城市污水处理；城市生活垃圾无害化处理率（%）；城市道路建设；城市景观照明控制。⑤节能减排。考核内容共 4 项：北方采暖地区住宅供热计量收费比例（%）；林荫路推广率（%）；步行、自行车交通系统；绿色建筑和装配式建筑。⑥社会保障。考核内容共 4 项：住房保障建设；棚户区、城中村改造；社区配套设施建设；无障碍设施建设。⑦综合否定项。考核内容只有综合否定项 1 项。

园林城市系列创建活动作为推动园林绿化健康发展的重要手段，是城市生态文明建设的重要内容和具体落实，是城市再现绿水青山的基础工作，是与广大人民群众生活息息相关的民生工程。国家园林城市创建工作开启了全国范围内的城市园林绿化建设的高潮，提高了城市绿化建设规模和水平，增强了园林绿化建设的管控能力，促进了城市园林绿化的地位提升。

国家生态园林城市

国家生态园林城市是以人为本，以自然环境为依托，以资源流动为命脉的经济高效、生态良性循环、社会和谐的人类居住形式。

生态园林城市崇尚生态伦理道德，倡导绿色文明，保护和营造地带性植物群落，实施清洁生产，防治环境污染，提高资源利用效率和再生能力，保持地域文化特色，在人与自然和谐的基础上，实现城市的可持续发展。

国家生态园林城市是国家园林城市的"升级版"，既是国家园林城市建设的重要组成部分，又是国家园林城市内涵的深化和拓展。国家生态园林城市更加注重城市生态功能的完善、城市建设管理综合水平的提升、城市为民服务水平的提升。相较于国家园林城市，国家生态园林城市的考核评估指标更为严格。

◆ 一般性要求

国家生态园林城市的一般性要求如下：①组织管理。各级人民政府重视城市园林绿化工作，制定并实施了生态园林城市创建工作方案，并列入政府的重要议事日程。②应用生态学与系统学原理编制科学的城市绿地系统规划并纳入城市总体规划，严格执行。形成功能协调、符合生态平衡要求、与区域生态系统相协调的城乡一体化的城镇发展体系。③城市与区域协调发展，有良好的市域生态环境，形成了完整的城市绿地系统。自然地貌、植被、水系、湿地等生态敏感区域得到了有效保护，绿地分布合理，生物多样性趋于丰富。④保持城市地域风貌，保护自然资源，传承历史文化，形成独特的城市自然、人文景观。⑤城市各项基础设施完善、集约，运行高效、稳定。生产、生活污染物得到有效处理，城市环境清洁、安全。城市建筑（新建）广泛采用节能、节水技术，普遍应用低能耗环保、节能材料。⑥大气、水系环境良好，并具有良好的气流循环，城市热岛效应较低。⑦城市公共卫生设施完善，污染控制水平较高，建立相应的危机处理机制。城市具有完备的公园、文化、体育等各种娱乐和休闲场所。住宅小区、社区的功能俱全，居民对本市的生活环境有较高的满意度。⑧实施节约型园林绿化建设，通过规划设计、建设和养护管理等各个环节，最大限度地节约资源，提高资源的利用效益。⑨涉及公共利益政策制定与实施的机制健全，社会参与度较高。⑩模范执行国家和地方有关法律、规章，严格保护生态园林绿化建设成果，持续改善城市生态环境，不断提高人居环境质量。

◆ **考核标准**

围绕生态宜居、健康舒适、安全韧性、风貌特色4大目标，在《国家园林城市评选标准》中共有18项国家生态园林城市考核指标，其中包含城市绿化覆盖率、人均公园绿地面积、公园绿化活动场地服务半径覆盖率、城市林荫路覆盖率4项底线指标，以及城市生态廊道达标率、立体绿化实施率等14项导向指标。

第 7 章

绿地系统规划

防灾避险绿地规划

城市避灾绿地

城市避灾绿地是灾害发生时和灾后相当时间内，城市中能用于紧急疏散和安置市民短期生活的绿地空间。以绿地、道路与绿化带等作为避难场所和避难通道，是城市避灾体系的重要组成部分。城市绿地是具有非限定属性的开敞空间，相对于其他城市空间来说有较高的安全性，可以与广场、文教设施、运动场地等城市设施一起作为城市避灾据点。城市避灾绿地规划要遵循均布性原则、安全性原则、平灾结合原则。

城市避灾绿地通常作为具有防灾避险功能的城市绿地的简称。1993年，日本提出把发生灾害时作为避难场所和避难通道的城市公园绿地称为防灾公园。日本已经建成了兵库县三木防灾公园、大阪府久宝寺绿地、市川市大洲防灾绿地、名古屋稻永公园、稻永东公园等多个城市防灾公园。2003年，中国在北京建成了全国第一个应急避难场所——元大都城垣遗址公园，又相继建成了海淀公园、曙光防灾教育公园等29个城市避灾绿地。

综上，城市避灾绿地是在由地震引起的、发生的街道火灾等二次灾害时，为了保护国民生命、财产安全，强化城市避灾构造而建设的，具有广域避灾据点、避难场所、避难通道等的城市绿地。日本防灾避险绿地按照功能、规模等分为广域防灾避险据点、广域避难场所、临时性避难场所、临近避难点、避难通道和缓冲绿地6类。中国城市避灾绿地分为紧急避灾绿地、固定避灾绿地、中心避灾绿地、避灾通道、救灾通道5类。

◆ **紧急避灾绿地**

紧急避灾绿地是灾害发生后供避难人员紧急就近避难，并供避难人员在转移到固定避灾避难场所前进行过渡性避难的绿地空间。

发生灾害后的第一阶段中，人的自发避难是在较短的时间内进行的，能够步行到自己熟悉的社区周边安全场所，然后再进行有组织的疏散转移等。

紧急避灾绿地应按照城区的人口密度和避难场所的合理服务范围，均匀地分布于市区内。常由散点式小型绿地（街旁绿地、带状公园等）和小区的公共设施（小学、社区活动中心、小区公园等）组成。为保证紧急避灾绿地的安全性、可达性，首先必须保证其与有崩塌、滑坡等危险的地带和洪水淹没地带的距离，一般需要在500米以上。其次，要与避灾通道有直接的联系，保证道路的通畅。最后，避灾绿地本身要有一定的面积规模（一般在1000平方米以上），当周围建筑倒塌时不至于威胁避灾绿地内人的生命安全，服务半径为300～500米，考虑至少容纳500人。《北京市中心城区地震及应急避难场所（室外）规划纲要》

指出，紧急避难场所人均用地面积标准为 1.5 ～ 2 平方米。《城市抗震防灾规划标准》（GB 50413—2007）规定，紧急避震疏散场所人均避难面积不小于 1 平方米。

◆ 固定避灾绿地

固定避灾绿地是灾害发生后，可供周边地区避难人员进行较长时间避难生活，并提供集中救援的绿地空间。

固定避灾绿地分布均匀，位于救灾通道、避灾通道附近，规划时经过统筹安排，能够满足灾害发生时的应急需求。固定避灾绿地面积一般在 10 ～ 50 公顷之间，若总面积为 25 公顷，公园两边发生严重火灾，避难者受到火灾威胁时，向无火灾的两边转移，仍有安全保障；若总面积为 10 公顷，公园一边发生严重火灾，避难者也有安全保障，服务半径 2 千米，包括综合公园、体育公园等。《北京市中心城区地震及应急避难场所（室外）规划纲要》指出，长期（固定）避难场所人均用地面积标准为 2 ～ 3 平方米。《城市抗震防灾规划标准》（GB 50413—2007）规定，固定避震疏散场所人均避难面积不小于 2 平方米。

◆ 中心避灾绿地

中心避灾绿地是灾害发生后的重建期中，可进行避难、救援，并为城市重建提供过渡安置场所等活动的绿地空间。

中心避灾绿地均邻近快速路或主干道，保证可达性良好。中心避灾绿地规模较大、功能齐全，往往是灾后相当时期内避难居民的生活场所，可利用规模较大的城市公园、体育场馆和文化教育设施组成。在进行这些设施的规划设计时必须考虑到平常时期与非常时期不同的使用特点，形成多功能的可应变的柔性设施，以提高城市的避灾能力。在大震、火灾等灾害发生的情况下，中心避灾绿地是为了减轻受害程度而积极进行救援、恢复、重建等活动的据点。

中心避灾绿地一般应达到 50 公顷左右或大于 50 公顷，即使四周发生严重大火，位于绿地中心避难区的避难人群依然安全。从城市的规模和交通、物流的角度出发，每个城市圈应至少修建一处中心避灾绿地。

中心避灾绿地的主要干线道路在灾害发生情况下能顺利通行，有运送救灾物资的直升机停机坪，同时配置较完善的基础工程、配套设施和设备等。为了发挥中心避灾绿地的作用，平常可作为居民学习有关防灾知识的场所。

◆ **避灾通道**

避灾通道多利用城市次干道及支路将避灾绿地连成网络，形成避灾体系。

为防止城市居民避灾地、城市自身救灾和对外联系等发生冲突，避灾通道应尽量不占用城市主干道。为保证灾害发生后避灾道路的通畅和避灾绿地的可达性，沿路的建筑应后退道路红线 5 ～ 10 米，高层建筑后退红线的距离还要加大。通常根据避灾据点设置不同方向的 4 条以上有效宽度不小于 15 米宽的疏散通道，且步行 5 分钟内可到达。小型防灾绿地避灾通道宽度为 5 ～ 12 米，大型避灾绿地避灾道路应宽于 15 米。

◆ **救灾通道**

救灾通道是保证灾害发生时城市与外界保持交通联系的重要通道，是城市自救的主要路线。

城市救灾通道的规划布置是城市避灾规划与城市道路交通规划的内容之一，而避灾绿地规划应与之有所配合。城市主干道往往是城市的救灾通道，主要救灾通道的红线两侧，应规划宽度10～30米不等的绿化带，保证发生灾害时道路通畅。小型避灾绿地救灾通道宽度为8～15米宽或者更宽，大型避灾绿地救灾通道应宽于15米。由于灾害发生后人流、车流密度都很大，为确保人员安全与交通畅通，避灾通道与救灾通道不宜混用，而且在人流、车流高峰期实施交通管制，在避灾通道和救灾通道交叉处设岗指挥交通。

绿线控制规划

绿线控制规划是对城市各类绿地范围的控制线进行的规划。

《城市绿线管理办法》（建设部令第112号）明确"绿线"是指城市各类绿地范围的控制线。城市各类绿地是指公园绿地、防护绿地、广场用地、附属绿地、区域绿地等，涵盖城市所有的绿地类型。

◆ 主要内容

绿线包括城市建设用地内的绿线和规划区内的生态控制线。城市建设用地内的绿线应在总体规划、控制性详细规划和修建性详细规划各阶段分层次划定。现状绿线是建设用地内已建成，并纳入法定规划的各类绿线边界线。规划绿线是指建设用地内依据国土空间规划、城市绿地系统规划、控制性详细规划、修建性详细规划划定的各类绿地范围控制线。生态控制线是指规划区内的依据城市总体规划、城市绿地系统规划划定的，对城市生态保育、安全防护、风景游憩等有重要作用的生态区域控制线。绿线控制规划可依据《城市绿线划定技术规范》（GB/T 51163—2016）。

◆ **绿线划定**

绿线划定应分为现状绿线、规划绿线和生态控制绿线。现状绿线和规划绿线应在总体规划、控制性详细规划和修建性详细规划各阶段分层次划定，生态控制线应在总体规划阶段划定。现状绿线划定应明确绿地类型、位置、规模、范围，宜标注其管理权属和用地权属。规划绿线划定应明确绿地类型、位置、规模、范围控制线，可标注土地使用现状和管理权属。生态控制线宜标注用地类型、功能、位置、规模、范围控制线，可标注用地权属。

总体规划阶段绿线划定

总体规划阶段绿线划定的依据为城市总体规划和城市绿地系统规划，总体规划阶段应划定建设用地内的现状绿线、规划绿线和规划区非建设用地内的生态控制线。建设用地内，应按照城市绿地系统规划确定的公园绿地、防护绿地、广场用地和大型附属绿地，划定现状绿线和规划绿线。规划区非建设用地内，应根据城市绿地系统规划划定生态控制线，宜包括以下 4 类区域：①城市生态保障区域。包括水源保护区、自然保护区、城市隔离绿地、湿地、河流水系、山体、农林用地等。②基础设施防护隔离区域。包括各级公路、铁路、轨道交通、输变电设施、管道运输设施、环卫设施等沿线或周边设置的绿化隔离区域等。③休闲游憩区域，包括风景名胜区、郊野公园、森林公园、湿地公园及各类主题公园等。④其他区域。包括苗圃、花圃、草圃等。

总体规划阶段绿线图纸应符合下列规定：应包括建设用地内绿线划定图和规划区非建设用地内生态控制线划定图；应以带城市规划路网的地形图为底图，图纸比例、表达深度应与城市总体规划图纸一致。

控制性详细规划阶段绿线划定

控制性详细规划阶段应以现状绿地和控制性详细规划为依据，划定公园绿地、防护绿地和广场用地现状绿线和规划绿线及附属绿地现状绿线。附属绿地的用地应符合现行国家标准《城市用地分类与规划建设用地标准》（GB 50137—2011）中的城市建设用地分类规定，城市建设用地应包括居住用地、公共管理与公共服务设施用地、商业服务业设施用地、工业用地、物流仓储用地、道路与交通设施用地和公用设施用地、城市与广场用地，这些用地的附属绿地的绿线划定应参考《城市居住区规划设计标准》（GB 50180—2018）、《城市综合交通体系规划标准》（GB/T 51328—2018）、《城市绿地规划标准》（GB/T 51346—2019）等相关规范、标准执行。

控制性详细规划阶段绿线图纸应符合下列规定：图纸比例、地块编号应与控制性详细规划图纸一致；绿线定位应明确绿地边界控制线的主要拐点坐标。

修建性详细规划阶段绿线划定

修建性详细规划阶段应结合修建性规划方案审批，划定附属绿地规划绿线；绿地建设竣工验收后应纳入绿线管理。修建性详细规划阶段的绿线图纸应符合以下规定：附属绿地所在地块编号应符合控制性详细规划地块编号；图纸比例应与修建性规划方案图纸一致，绿地定位应明确绿地边界线的拐点坐标。

城市绿地分期建设规划

城市绿地分期建设规划是为保障城市绿地系统规划有效实施，一般按照城市发展的需要，依据国土空间规划和城市景观总体布局进行的近、中、远期三个阶段的分期建设规划。

城市绿地分期建设规划原则：①与国土空间规划相协调，合理确定规划实施期限。②与国土空间规划的分期建设目标配套，使城市绿地建设能满足城市各发展阶段的需求。③结合城市现状、经济水平、发展目标和开发顺序，确定各期绿地建设项目，促进城市环境可持续发展。

分期建设规划应结合城市发展及城市特点合理安排规划目标和建设项目。近期规划应提出规划目标与重点，具体建设项目、规模和投资估算；中、远期建设规划主要包括建设项目、规模和投资预算等。

近期规划建设内容：①加强公园管理、增加游憩设施，发挥综合公园的作用。②将空置地进行改造，依据绿地系统规划的用地性质，合理增加设施和绿植，建设满足居民需求的开放性公园绿地。③绿地分布不均的区域，重点新建公园绿地，建设近期规划的主要公园绿地。④结合城乡结合部（城中村）改造、工业用地更新、旧城区改造，依托规划适时增加公园绿地。⑤城市其他各类用地建设，严格执行附属绿地的绿地率规定。随城市道路建设和改造同步，完成道路绿地建设，保证道路绿地绿化覆盖率。

中期规划建设内容：①完善公园的各类基础设施、游憩设施，真正发挥城市公园的作用。②结合城市更新改造项目，持续增加公园绿地建设。③建设各类防护绿地，基本建成完善的防护绿地体系。④保护城市发展区域内生态绿地空间，对提高城市环境质量和调节城市气候的区域大型绿地进行保护规划。⑤城市其他各类用地建设，严格执行附属绿地的绿地率规定。

远期规划建设内容：①继续完善公园绿地建设，提高和充实绿地的文化内涵。②结合城市建设步骤，完善城市公园体系的建设。③增加防护绿地面积，建成完善的防护绿地体系。④城市其他各类用地建设，严格执行附属绿地的绿地率规定。

城市绿地系统规划案例

宝鸡城市绿地系统

宝鸡古称陈仓，位于陕西省关中平原西端，城市规划区面积 3574 平方千米，2015 年城市建成区 89 平方千米，人口 84 万。

宝鸡市以建设生态园林大城市建设为目标，按照城市总体规划和城市绿地系统规划，持之以恒构建城市园林绿地系统。截至 2015 年底，城市建成区绿地率 37.87%、绿化覆盖率 40.61%、人均公园绿地面积 12.28 米²/人，各项绿化指标和管理水平处在西北城市前列。2016 年，宝鸡市成为全国首批、西北唯一的"国家生态园林城市"。

1981 年，宝鸡市开始编制城市园林绿化总体规划；1997 年《宝鸡市城市绿地系统规划（1996—2010 年）》纳入城市总体规划并实施。《宝鸡市城市园林绿地系统规划（2012—2020 年）》根据城市自然条件和空间布局特点，确定宝鸡市城市绿地系统规划为"一脉、一轴、双带、五环、多廊、多园"结合的网络斑块结构格局。

多年来，宝鸡市城市绿地建设始终严格按照绿地系统规划要求，与城市建设同步实施，以确保各类绿地稳步增长，实现规划目标。围绕渭河景观绿化带（"一脉"），实施渭河市区段防洪暨生态治理工程，市区渭河两岸河道先后建成 30 千米绿色长廊和沿河绿道，城区"一闸五坝"形成水面面积 4.2 万平方千米。在以行政中心为核心，串联渭河南北与蟠龙组团的城市中心轴（一轴），开展精品绿地建设，新建高新渭河公园、行政中心绿地广场、戴家湾生态园等一批公园绿地。在秦岭北麓山地和北部台塬坡地（双带），通过退耕还林、"绿色宝鸡""义务植树基地"建设、"关中大地园林化"等打造市区南山北坡绿色屏障，在渭河北坡建设近百个义务植树基地，建成石鼓山公园、九龙山公园、怡馨园等坡地公园及大片生态防护林地。在城市 5 个组团之间不断完善组团绿地（五环）。在城市过境铁路公路和 18 条水系等廊道（多廊），实施环境综合治理，推进"千里绿色长廊"建设，市区 31 千米铁路及公路沿线建起了带状公园和防护林带，玉涧河、金陵河、千河和清姜河、石坝河、瓦峪河、茵香河等河流沿岸建成绿色廊道。在城区按照规划建设公园绿地，2015 年有公园绿地 147 处（多园），公园服务半径覆盖率 90%，建有炎帝园、渭河公园等 5 处应急避难公园绿地。积极实施单位、居住区普遍绿化，从 1986 年开始持续开展园林式单位、园林式居住区创建活动，全面提高城区绿量。对 11 个城市出入口和 20 多处城乡结合部进行以植树绿化为主的环境整治，提升了城市大环境景观。

通过多年建设，宝鸡市"绿脉映城、绿带衬城、绿环护城、绿廊穿城、绿核嵌城"的绿地系统和"两条林带、一片水面、城在林中、水在城中、依山傍水"的生态园林城市框架基本形成。

西安大遗址绿地

西安大遗址绿地是西安市规模大、级别高（第一批国家级重点文物保护单位）、地上地下遗存丰富的遗址保护地。

遗址是指人类活动在自然地貌上所留下的遗迹（痕迹）。西安大遗址绿地包括四大遗址，分别是周丰镐遗址绿地（保护区 25 平方千米）、秦阿房宫遗址绿地（保护区 14 平方千米）、汉长安城遗址绿地（保护区 36 平方千米）、唐大明宫遗址绿地（保护区 3.2 平方千米）。分别代表了周、秦、汉、唐 4 个朝代的都城、宫殿建制和格局。

◆ **基本内容**

周丰镐遗址。公元前 11 世纪，周文王"作邑于丰"，周武王继位后在沣河东岸营建镐京。保护面积 25 平方千米。地面遗存已无，地下遗存尚有。

秦阿房宫遗址。秦始皇统一中国后，于公元前 212 年大兴土木建造阿房宫，遗址位于西安主城区西边三桥镇一带，保护面积 14 平方千米，地面遗存主要有前殿遗址、上天台遗址等。

汉长安城遗址。西汉王朝都城所在地，位于西安主城区西北方向，城区内面积 36 平方千米。现状地面遗存主要以城墙和部分建筑台基为主。城墙遗存以南部和东部保存较好，尚清晰可见；西部和北部破坏严重。建筑台基遗存主要有未央宫前殿、天禄阁、石渠阁、桂宫、建章宫等。

唐大明宫遗址。唐代都城内宫殿遗址，初为避暑夏宫（634），后为朝寝宫殿（662）。位于西安市主城区太华路一带，保护面积3.2平方千米。地面遗存较多，主要有含元殿、丹凤门、三清殿、麟德殿等大型建筑台基。

◆ **保护与建设策略**

周丰镐遗址、汉长安城遗址属都城遗址，秦阿房宫遗址、唐大明宫遗址属宫殿遗址。

"都城遗址"保护的核心是完整地保存遗址内遗迹本体、空间格局和历史环境风貌，通过绿化将这些历史信息展示出来，建设"真实、可读、可持续"的展示园区。彰显古老都城的历史文化价值和科学艺术价值。保护内容包括文物遗存（城墙、城门、宫殿区、官署、宅邸、寺院等遗迹）和空间格局（城郭、街道、轴线等）。保护策略在满足安全的前提下，划分不同级别保护区并严格执行相应保护措施。同时开展考古勘探与发掘工作，反过来为制定保护措施和方法提供科学依据。

"宫殿遗址"保护的核心是编制保护规划，划定核心保护区，建设控制地带、保护范围（风貌协调区）。结合遗址公园建设凸显宫殿遗址的"真实性、可读性和可持续性"及其完整的历史环境。在建设控制地带适量建设公园休闲绿地，结合旅游向游客展示历史信息和文化内涵。大明宫国家遗址公园已建成并向市民开放，在遗址保护与展示、城市文化建设与生态环境建设方面做出了有益的探索，取得了良好的效果。

北京风景名胜区体系规划

按照中华人民共和国国务院颁布的《风景名胜区条例》"科学规划、统一管理、严格保护、永续利用"的原则，以及国务院关于风景名胜区工作"前提是规划、核心是保护、关键在管理"的指导方针，经市政府批准，2004 年北京市组织编制了《北京市风景名胜区体系规划》。其成果整体纳入了 2005 年国务院批复的《北京城市总体规划（2004 年—2020 年）》，使北京风景名胜区体系首次成为城市总体规划中的专项规划，将北京市域风景名胜资源保护与利用纳入了法制化轨道。

◆ **意义和目的**

风景名胜区体系是国家重要的、不可再生的自然与人文资源，在维护地区生态环境、传承历史文脉、发展旅游经济、促进文化交流等方面有不可替代的重要作用。体系规划确定保护和利用北京市风景名胜区资源的目标体系、战略步骤和行动计划；确定北京市风景名胜区体系的等级结构、规模结构与功能结构；进一步研究北京市"西部生态带"和"国家公园战略"的内容；建立北京市风景名胜区体系规划实施及其保障体系与支持平台。体系规划的编制将促进北京市域风景名胜区事业整体有序发展，切实加强北京风景名胜资源管理的力度和有效性，协调风景名胜区体系与城镇和相关社区之间的关系。

◆ **原则**

整体原则。北京风景名胜区体系是一个有机整体。对于自然资源应加强生态廊道的建设，对于文化资源应保护并展示各个风景名胜区之间的文化联系。在管理方面，应建立统一的管理目标、政策和监测指标。

统筹协调原则。北京市风景名胜区体系在保护、利用和管理过程中应坚持与周边省市风景名胜区的协调；坚持与城镇体系及周边社区的协调，坚持与其他各类保护性用地的协调，并注意与国土规划、区域规划、城市总体规划、土地利用总体规划及其他相关规划的衔接。

多方合作原则。北京市风景名胜区体系在保护、利用和管理过程中应关注各个利益相关方，尤其是当地社区的诉求，在资源保护和有效管理的前提下，吸收更多的社会力量参与到风景名胜区体系的建设和管理中来。

◆ 期限

北京市风景名胜区体系规划适用于 2003～2050 年，共分为 3 期：①近期。2003～2010 年。②规划期。2010～2020 年。③远期。2020～2050 年。

◆ 范围

北京市风景名胜区体系的规划范围为北京市域的行政范围，即北京市所辖 18 个区县，总面积约 16400 平方千米。

◆ 内容

①全面评估北京市风景名胜资源。在重要性和代表性评价基础上确定保护和利用上述资源的目标体系和战略步骤。②确定北京市风景名胜区体系规划与相关上位规划、下位规划和相关规划之间的关系。③确定北京风景名胜区体系的空间布局与结构（包括范围、层次和分类，即等级结构、规模结构与功能结构）。④落实《北京城市空间发展战略研究》提出的"西部生态带"和"国家公园战略"的内容。⑤明确北京市风景

名胜区的分级管理政策、分类管理政策和分区管理要点。⑥建立北京市风景名胜区体系规划实施及其保障体系，即确定北京风景名胜区体系保护与发展的近期行动计划和优先顺序，明确管理机制，从而建立实施北京市风景名胜区体系规划的支持平台。

◆　**目标**

北京风景名胜区体系的建设和管理应以保护北京风景名胜资源和生物多样性，最终实现资源保护和利用之间良性循环为目的。到规划期末，在全市范围内，建立一个类型齐全、分布合理、面积适宜、管理科学、综合效益良好的风景名胜区网络，使北京市的风景名胜区事业达到国内领先水平，并力争达到或接近国际先进水平。

近期目标（2003 ～ 2010）

到 2010 年，风景名胜区面积争取达到北京市域国土面积的 15% 左右；70% 的风景名胜区设置专职管理机构和配备必要管理人员，70% 左右的风景名胜区具备基本的保护管理设施。

中期目标（2011 ～ 2020）

到 2020 年，风景名胜区面积争取达到北京市域国土面积的 25% 左右；80% 的风景名胜区设置专职管理机构和配备必要管理人员，80% 左右的风景名胜区具备基本的保护管理设施。

远期目标（2021 ～ 2050）

到 2050 年，风景名胜区面积争取达到北京市域国土面积的 30% 左右；100% 的风景名胜区设置专职管理机构和配备必要管理人员，约 100% 的风景名胜区具备基本的保护管理设施。

◆ **空间结构**

根据北京市域范围的自然资源与文化资源的分布特点，将北京市风景名胜区体系的空间结构规划为自东南向西北的扇状圈层结构。北京市风景名胜区体系的空间结构，是以北京城区为中心向外扩散的扇状圈层结构，由内向外分别为"北京城区、平原区、过渡区、山地区"4个圈层。风景名胜资源的9个片区分别位于平原区（2个片区）、过渡区（2个片区）、山地区（5个片区）。

◆ **空间类型**

按照北京市风景名胜区体系的空间结构与风景名胜资源的类型与空间特征，将北京市风景名胜区概括为8种空间类型、9个片区。

历史生态类风景名胜区主要分布在平原区，包括南郊历史生态类型区和东郊历史生态类型区。森林生态类位于过渡区的北京市北郊昌平境内，主要以森林生态类风景名胜资源为主。历史文化类位于过渡区的北京市西北郊海淀区前后山，主要以历史文化类风景名胜资源为主。自然文化综合类位于山地区的北京市西南区域的房山和门头沟区，主要以自然与文化相结合的综合类风景名胜资源为主。文化生态类位于山地区的北京市西北部延庆、怀柔远郊区，主要以历史文化及自然生态类风景名胜资源为主。地质生态类位于山地区的北京市北部延庆远郊区，主要以地质遗迹及自然生态类风景名胜资源为主，以硅化木国家级地质公园为代表。文化生态类位于山地区的北京市东北部密云、平谷远郊区，主要以山水景观及以山水景观为依托的自然文化类风景名胜资源为主。长城是中国古代文明的象征，北京的长城是中国长城的重要组成，从北京市东部的平谷区到西部的门头沟区，长城遗址绵延 300 多千米，巍峨壮丽地雄踞太行山北段与燕山山脉之巅，形成了独特的自然文化景观类型。

　　中国长城风景名胜区北京段是沿长城及遗址形成的一条带形区域，此区域内还包括长城两侧一定范围内的村落和屯兵卫所的遗址。涉及的风景名胜区有：八达岭—十三陵国家重点风景名胜区（主要是八达岭区域）、慕田峪市级风景名胜区、司马台区县级风景名胜区，该区域长城遗址两侧分布着大量的有关中国古代战争防御体系的遗址。中国长城风景名胜区北京段的提出，主要是为了整合相关风景名胜区，以便从整体上保护长城这一中华民族独特的风景名胜资源。将位于北京市境内的中国长城整合成为一个独立的国家级风景名胜区——中国长城风景名胜区（北京段）是此次北京市风景名胜区体系规划的大胆创新。

　　◆ 空间布局

　　通过区域整合、边界调整、范围核实、新区建立等途径，确定北京市风景名胜区体系，包括 19 个不同类型的风景名胜区，其中国家级 7 个、市级 8 个、区县级 4 个，风景名胜区总面积 5203.9 平方千米，占市域面积的 30.98%，是风景名胜区总面积的 2.6 倍，增加了近 1.6 倍。新建 6 处，整合 3 处，边界调整 4 处。19 个风景名胜区呈扇形圈层结构，分布在北京市城区周边平原区、过渡区、与山地区的 14 个区县。

北京市绿地系统规划

　　北京市绿地系统规划是为落实北京国土空间规划而编制的专项规划，是生态文明建设的主要组成部分，包括市域、中心城、新城 3 个部分。

◆ **市域绿地系统规划**

规划范围与《北京城市总体规划（2004年—2020年）》市域范围一致，总面积为 16410 平方千米，从整体空间上分为山区、平原区和城市建设区 3 个层次。构筑复合型市域绿地系统结构，建立多功能绿地系统，提高城乡绿地总量，增加绿地空间层次的划分与布局。其基本结构为山脉平原相拥，平原林网交错，城市绿楔穿插，点、线、面、环相结合。

山区

山区指北京西部地区的太行山脉和北部、东北部的燕山山脉。与河北、山西、内蒙古地区的森林体系结合起来，共同构成北京生态安全的重要天然屏障。规划到 2020 年林木绿化率达到 73%，森林覆盖率达到 52%。

平原区

平原区主要包括城市外围第一道、第二道绿化隔离地区，中心城十条楔形绿地、五河十路绿化带、五大风沙治理区、河湖湿地、森林公园、郊野公园等重点绿化区域及分布于平原区的果林地、各类圃地和农田。

第一道绿化隔离地区。位于中心城中心地区与边缘集团之间，规划公园绿地、防护绿地、生态景观绿地等绿地面积约 156 平方千米。主要功能是保持城市规划空间格局，防止中心城建设用地的无序蔓延。同时，改善城市特别是中心城生态环境。

第二道绿化隔离地区。按照北京城市总体规划，第二道绿化隔离地区范围是五环路至六环路，规划范围内涉及朝阳、海淀、丰台、石景山、通州、大兴、房山、门头沟、昌平、顺义 10 个区，总用地面积 1556 平方千米。为与第一道绿化隔离地区规划衔接，第二道绿化隔离地区规划范围扩展为第一道绿化隔离地区及市区边缘集团外界至规划六环路外侧1000 米绿化带。其中包括通州、亦庄、黄村、良乡、长辛店、沙河 6个卫星城及空港城，总用地面积约 1650 平方千米。其中，林地、农田等绿色空间总面积 1061 平方千米，占规划总用地比例达到 64.3%。主要功能是更好地维护市区分散集团式的布局，有效地防止市区建设用地无限制地向外扩展，以及农村建设用地向市区蔓延，保证市区基本的生态环境和合理的城市空间布局。

城市建设区

城市建设区包括中心城、新城规划建设用地，由各级各类公园绿地、生产防护绿地和城市生态景观绿地等构成，是居民开展日常游憩交流、健身休闲的主要场所，具有生态、景观、文化、休憩、防灾避险等功能。

◆ 中心城绿地系统规划

中心城绿地系统规划与中心城控制性详细规划相衔接，总面积1088 平方千米。坚持生态优先，突出重点，均匀分布，科学分类，保证绿地综合功能发挥。中心城的绿地系统结构为"两轴、三环、十楔、多园"的基本结构，即青山相拥，三环环绕，十字绿轴，十条楔形绿地穿叉，公园绿地星罗棋布，由绿色通道串联成点、线、面相结合的绿地系统。其布局核心为由东西长安街、南北中轴及其延长线构成的十字景观轴；由一、二道绿化隔离地区构成的郊野公园环；以二环路及护城河外侧拓宽 30 ～ 50 米绿化带环北京"凸"字绿色城墙；由城市中心区东南、西南、西北、北、东北方向的绿化隔离地区、生态景观绿地及河道、放射路两侧绿化带等组成的十条楔形绿地，形成真正的沟通中心城与郊区的绿色通风走廊；中心地区均匀分布由综合性、区域性、街头公园绿地组成的 500 米公园绿地系统；由香山、北京植物园、八大处、妙峰山等十多处名胜古迹组成的小西山风景区；"五河十路"以及由中心城范围内的道路、铁路、滨河绿带和防护绿带组成的城市绿网。到 2020 年，城市绿地率达到 48%，人均绿地面积 50 平方米，人均公园绿地面积 15 平方米。

中心城十条"楔形绿地"。自城市中心区（二环路）起，向东南、西南、西北、北、东北方向放射至中心城边界，总用地面积约 268 平方千米。楔形绿地是城市中心区与郊区气流交换的重要载体，是第二道绿化隔离地区与第一道绿化隔离地区公园环之间的纽带。它楔入城市中心区（二环路），将北京城市中心区与西北、北、东北方向的绿色屏障，东南方向的渤海湾，西南方向的永定河谷有机联系，有效地改善城市生态环境。

"凸"字绿色城墙。是中心城绿地系统规划的重要一环，由二环路及护城河外侧 30 ～ 50 米宽绿地组成。通过丰富植物景观、铺设绿道、拓展绿色活动空间等多次改造提升，已经成为北京重要的生态景观带，以及核心区市民重要的休闲活动场所。

◆ **新城绿地系统规划**

新城绿地系统规划包括新城绿地系统总体结构布局和重点新城绿地系统分区规划两部分内容。重点新城是指顺义、通州、亦庄新城。生态新城是指密云、怀柔、延庆、门头沟和平谷新城。一般新城是指房山、大兴和昌平新城。规划重点内容是提高城市外围生态景观绿地规模、完善城市内外生态廊道系统，根据城市防灾减灾规划要求，划定避灾绿地和救灾通道，根据城市总体结构和合理的服务半径，划定各级各类绿地，综合运用多种植物材料进行科学配置，形成乔、灌、花、草相结合，点、线、面、环相衔接，城乡一体、内外相通的生态绿地系统。到 2020 年，新城绿地率达到 44%～48%，人均绿地面积 40～45 平方米，人均公园绿地面积 15～16 平方米。

成都市绿地系统规划

　　为进一步发挥绿地系统美化人居环境、维护城乡生态健康、丰富市民生活等功能，成都市通过绿地系统规划，确定新的全市绿地系统结构、布局与指标体系，从空间上对全域范围的绿色生态空间进行统筹安排。

　　成都市域呈"两山环抱"的生态格局，平原、丘陵和山地"三分天下"。市域内近 5000 米的海拔落差，形成了多样的垂直气候带，因而市域范围内生物资源种类繁多，门类齐全，分布又相对集中，为发展多样化的园林绿地和生态景观带来了极为有利的条件。同时，市域范围内河流众多，主要由岷江、沱江两大水系组成，呈复合的纺锤状，河网密度约 1.22 千米 / 千米^2，居全省首位，特别是由都江堰灌区形成的水网绿地系统，已有数千年的历史。此外，广泛分布于成都平原的镇村居民点，随田而居、与水相依、临路而设、与林为伴，形成了以田园、林木、宅院、水系为核心景观要素的川西林盘。

◆ 背景

随着社会经济的快速发展，成都市城市化进程的高速推进，城市绿地系统的发展条件和发展环境也发生了较大变化：①按《成都市城市绿地系统规划（2003—2020 年）》，成都市加强城市公园绿地、防护绿地、附属绿地，以及郊野生态公园、河流绿化等建设，大幅度增加了城市绿地的总量，初步形成了"四圈七片、九廊七河、多园棋布"的绿地系统格局。各类绿地的合理布局、建设品质、生态功能均有较大提升。先后荣获"国家园林城市""国家森林城市"称号。②随着城乡统筹战略的实施，成都被批准设立城乡综合配套改革试验区，中共十八大"大力推进生态文明建设"战略的确定，以及对新型城镇化的深入推进，都将成都市绿地系统的建设发展提升到新的阶段。③成都市过去单中心、圈层化的城市空间增长模式已带来诸多城市问题。为了着眼城市目标，针对城市问题，实现城市的科学和健康发展，应通过专题研究，从城市布局结构、城市热岛效应、城市绿地发展指标、绿地布局均衡性、城市绿地特色、区域绿道系统、区域生态格局等方面入手，为城市的发展找准方向。④在成都城市建设快速推进过程中，随着城市规模的逐步扩大和人口的快速增长，不同程度上出现了绿地建设滞后于城市发展建设，未来人口增长速度超过原规划公园绿地的增长速度等情况。应重新编制绿地系统规划，根据新情况与新形势对城市绿地的布局、结构和指标体系做出适时合理的调整和完善，确保规划编制成果的可操作性、前瞻性，以求实现对城市发展的动态引导、管理和调控。

◆ **思路**

规划思路为：①从传统的以单一城市绿地为主，转向以区域生态本底为基础、中心城区均衡性支撑、新区和郊区增绿为重点的生态绿地统筹规划。规划针对成都市丰富的生态资源，分山地丘陵、平原、城镇村、水系湿地、道路交通网、风景区、自然保护区及森林公园7个子系统，对成都全域的生态要素和绿地空间进行规划布局、指标控制和保护建设引导。②针对成都市中心城区呈现圈层放射状结构的现状，限制城市无序蔓延。将绕城高速路两侧各500米范围及周边7个楔形地块共133平方千米范围划定为环城生态区。通过立法保护该区域生态用地。在环城生态区内结合花卉苗木生产基地、风景区，以及农田保护区等建设郊野公园。形成城市的绿色生态环和各组团之间的绿化隔离空间，并串联中心城区与外围的生态功能区一同构成大型楔形绿地，起到引导城市发展方向、防止城市连接成片发展和引导气流进入城区的作用。③均衡布局中心城区绿地。成都市的历史空间形态格局为单中心向外圈层拓展，导致中心城区用地异常紧张。在中心城区（三环路以内）提倡集中建绿，拆旧建绿，通过土地置换增加绿地面积，大力发展微型绿地、小区游园、居住区公园等，注重绿地布局的平衡性，充分覆盖到旧城区的各个社区，达到"500米见绿"的目标。④在新城区（三环路以外），按500米服务半径，设置不小于5000平方米的公园绿地。⑤所有公园绿地的具体位置、面积、边界和性质通过控规平台，在控制性详细规划中予以落实。

◆ 主要内容

专题研究

规划编制前期，通过深入调研、分析，编制了《成都市城市热岛效应演变趋势研究》《成都市中心绿地均衡布局研究》《成都市公园绿地发展研究》《成都市绿地系统规划特色研究》《成都市绿地指标研究》《成都市山地生态保护建设研究》《成都市防灾避险绿地现状研究》，以及《成都市湿地保护建设研究》等多个专题研究报告。

规划目标

以水为脉，以绿为美，以人为本，建立布局合理、绿量适宜、生物多样、景观优美、特色鲜明、功能完善的城市绿地系统，体现"自然之美、社会公正、城乡一体"的美丽成都。

近期目标

2015年完善城市园林绿化体系框架，提升园林城市水平，基本实现国家生态园林城市标准的主体指标。

远期目标

2020年进一步提高城市绿地的各项指标，全面达到国家生态园林城市标准。

远景目标

2020年以后，完善各种绿地系统、提高已建设绿地的质量。以水为脉，以绿为美，以人为本，建立布局合理、绿量适宜、生物多样、景观优美、特色鲜明、功能完善的城市绿地系统。

◆ **范围**

规划范围分为市域和中心城区两个层次：①市域层次。包括锦江、青羊、金牛、武侯、成华、龙泉驿、青白江、新都、温江9区，都江堰、彭州、邛崃、崇州4市（县级市）和双流、郫县（今郫都区）、金堂、大邑、蒲江、新津6县，面积为12121平方千米。②中心城区层次。划定为成都绕城高速以内（含道路外侧500米绿化带），锦江区、青羊区、金牛区、武侯区、成华区成都绕城高速以外行政辖区，以及高新南区大源组团范围，面积约630平方千米。

市域绿地系统布局结构

充分利用自然山水构架形成的市域绿地系统空间结构，可概括为"两环两山，两网六片"。"两环"指环城生态区和第二绕城高速路两侧生态绿带；"两山"指龙门山和龙泉山；"两网"指市域水网和绿道网；"六片"指6个防止城镇粘连发展的功能明确的生态功能区。

中心城区绿地系统布局结构

中心城规划布局结构方面，将形成"一区两环、九廊七河、多园棋布"绿地系统结构。

"一区"即环城生态区，包括绕城高速路两侧各500米范围及周边7个楔形地块内的生态用地，总面积约133.11平方千米。7个楔形地块，即北湖生态公园、安靖湖生态公园、清水河生态保护区、江安河生态保护区、三圣花乡、十陵风景区和东郊生态公园。环城生态区兼具生态、服务、景观、防灾及基础设施承载五大功能，使外围生态景观渗透进入中心城区，达到自然生态系统与城市绿地系统的有机联系，保护和改善中心城区的生态环境。

"两环"是指依托主要河流和主要道路形成的两个环形绿带。第一环为锦江环城公园，主要由公园绿地构成，加上水域和沿河公园，总面积约1.4平方千米；第二环为三环路两侧的50米绿带，主要为公园绿地和防护绿地，总面积约5平方千米。

"九廊"是指结合中心城向外放射的主要交通干道，规划形成9条放射状的绿色交通廊道，主要包括成绵高速路、成南路、成雅高速路、成温邛高速路、成灌高速路、成渝高速路、川藏路（新机场高速）、人民北路、天府大道两侧的绿带。

"七河"是指绕城高速路以内依托锦江、沙河、江安河、清水河、摸底河、东风渠、毗河等7条支流水系形成的绿化生态廊道，主要由水域和两侧绿地共同组成。

"多园棋布"是指规划形成的"市级—区级—居住区级"三级绿地体系，以满足不同群体、不同数量、不同兴趣爱好的市民的休闲娱乐需求，主要表现为综合公园、专类公园、郊野公园和社区公园等多种形式。

针对城区西南部、北部的热岛高温区，将在火车东（货）站、北三环外川陕路旁、北三环外成彭路旁，大丰镇局部、二环路红牌楼至双流机场等区域分别建设总面积大于10公顷的相对集中的局部绿地小系统，改善这些区域的热岛效应。

◆ 要点

规划要点为：①构建中心城区科学合理的绿地系统结构。②通过立法，严格控制和保护环城生态区绿色空间。③城市外围建设大型生态郊野公园绿地。④保留、保护、优化、提升中心城区已建公园绿地。⑤拓展完善中心城区绿地建设，完善绿地布局，加强立体绿化。⑥系统梳理近期项目库，集中力量实施一批重大生态绿地建设项目。

重庆市绿地系统规划

由重庆市相关职能部门或规划设计方在结合重庆市自然山水格局、山地地形地貌特点、重庆自然植被及园林植物特点的基础上，依据国家相关法律法规和重庆市自身的情况，为优化重庆市人居化境，促进城市与自然可持续共同发展，所编制的一系列规划文件，将重庆市各类绿地按合理的规模、位置及空间结构形式进行布置，并指定科学的指标使其形成完整的系统。

规划的范围和内容根据编制年限、对象的不同也有不一，一般情况下，主城区绿地规划包含重庆市市域及主城区，依据《重庆城乡总体规划（2007—2020年）》，包括渝中区、沙坪坝区、江北区、渝北区、南岸区、九龙坡区、北碚区、巴南区、大渡口区，即主城九区。各区县如北部新区、两江新区、万州区等也编制了下位绿地系统规划。

重庆市作为开埠城市，城市建设受到西方城市规划思想的影响，城市绿地建设开始也较早，1946年由陪都计划委员会编制的《陪都十年建设计划草案（伍•绿地系统）》，第一次系统性规划了重庆城市绿地。于2007年由原重庆市园林局编制的主城区绿地系统规划，经过7年的使用，对重庆市绿地建设发挥了重要作用，都市区城市环境和景观面貌取得了很大改善，初步形成了山水格局特征突出的城市园林绿化景观。

然而随着城市的发展,通过绿规评估发现现状绿地存在公园体系不完善、绿地指标体系不完善、绿地生态效应不足、其他绿地管理模式待改善、相关技术管理标准体系不完善等问题。针对这些问题,重庆市风景园林规划研究院依据有关法律法规、技术标准、规范性文件和相关规划等编制了《重庆市主城区绿地系统规划(2014—2020)》。在这一版绿地系统规划中,规划范围分为市域和都市区两个层次,市域范围为重庆市行政辖区范围,总面积为8.24万平方千米;都市区(即通常所称的主城区)范围包括渝中区、沙坪坝区、江北区、渝北区、南岸区、九龙坡区、北碚区、巴南区、大渡口区9个行政区,总面积为5473平方千米。规划的主要内容包括市域绿地系统规划、都市区绿地系统规划、树种规划、生物多样性保护和发展规划、名树古木保护规划。

主城区各版本绿地系统规划反映了近100年来重庆绿地系统规划的脉络和不断完善的过程,内容不断丰富。《陪都十年建设计划》中以公园系统为主;1950～1970年版本更注重城市整体绿化和苗圃建设;1983版规划中包含了公园及街头绿地、防护绿地、风景区、苗圃基地等城市各类绿地;1996版一方面提高城市内公共绿地面积,一方面加强郊野公园建设和森林保护,绿地系统与风景旅游相结合;2002版规范了城市绿地分类,增加了防灾减灾绿地规划、历史文化古迹绿地规划、生态景观控制区规划、树种规划、景观风貌规划、生物多样性规划,较之前更加完整;2007版为了适应新都市区规划和城乡一体化规划,强调地方特色的都市区山水园林城市建设,根据主城九区发展的差异性,分别设定规划指标。2014版是对2007版规划的深化,更加深入地进行了主城区山水特色规划，即城中山体、水系规划和立体绿化规划，加强了绿线划定和绿地管理。

重庆市绿地系统规划经过几十年的不断调整完善，已经形成了主城区绿规和部分区县绿规协同工作的局面，在历次规划的控制下，城市整体的水平和绿化质量都在不断提升，已经初步形成了具有山地城市特色的山水格局及科学可持续的城市自然环境。

济南市绿地系统规划

济南市是山东省的省会。2009 年城市建成区 336.4 平方千米，人口 282 万人。属暖温带半湿润区的大陆性季风气候。多年平均降水总量 665.7 毫米，全市常年平均气温是 14.6℃，极低温度 -19.7℃。地势南高北低，周边山陵环抱，以古生界灰岩为主；北部平原以新生界第四系黄土及沙砾沉积为主，散布着辉长岩体出露形成的山头。济南市区河流较多，除黄河、小清河、东泺河、西泺河、环城河、玉秀河为常年性河流外，其他均为排泄山洪的季节性河流。

2009 年底，城市绿化覆盖率为 36.4%，绿地率为 32.6%。公园绿地面积 2820 公顷，绿地率 8.4%，人均公园绿地面积 10.0 米 ^{2}/ 人。建设用地内生产绿地面积 384.0 公顷，占城市总用地的 2%。

◆ 总则

规划期限为 2010 ～ 2020 年。

规划分为市域、市区、中心城 3 个层次：①市域。面积 8177 平方千米。到 2020 年，市域总人口将达到 840 万人左右。②市区。即城市规划区，范围为市辖行政六区，面积 3257 平方千米。到 2020 年，市区总人口将达到 550 万人左右。③中心城。范围东至东巨野河，西至南大沙河以东（归德镇界），南至南部双尖山、兴隆山一带山体及济莱高速公路，北至黄河及济青高速公路，面积 1022 平方千米。到 2020 年，建设用地规模 410 平方千米，人口规模 430 万人左右。

规划以加强生态环境建设，大环境绿化与城市绿化相结合，自然资源与人文资源相结合，创造良好的人居环境，建成绿地总量适宜、植物多样、景观优美、体现泉城特色、生态高效的城市绿地系统为指导思想。遵循科学统筹，协调发展；因地制宜，特色突出；生态优先，以人为本等原则进行规划。规划目标为建设"生态园林城市，绿色和谐泉城"。规划指标（2010～2020）为绿化覆盖率达到 42%，绿地率达到 37%，人均公园绿地面积达到 11 平方米。

◆ **大环境绿地系统规划**

大环境绿地系统规划包括市域和市区两个层次。

市域绿地系统规划为"四带交融"的空间布局结构：南部山体绿色生态环境安全保育区和风景带，中部人居生态环境重建适宜区和产业提升经济带，黄河平原滨河景观带，北部平原绿色农业生态环境改善恢复区和滨河休闲风景带。

市区层次从城市绿化隔离带控制、南部山区资源与环境保护管控和北部湿地的保护与修复 3 方面提出生态控制标准和要求，保护和恢复山体林地、湿地、河道、田园等自然原貌，提高生态功能，有效保护脆弱资源和生态环境，使城市可持续发展，降低城市建设对自然生态体系的冲击。

济南为"泉城"，南部山区是重要的泉水补给区，重点突出脆弱资源和生态环境保护，以水源涵养、地下水补给、地表水源保护、水土保护、自然地质结构保护、生物多样性保护为主导，保持良性可持续发展。

◆ **绿地系统规划结构**

中心城绿地系统规划结构

立足于济南市自然、人文资源特色，结合山、泉、湖、河、城独特的城市肌理，在中心城形成"三环三横四纵，多楔多点多线"的绿地布局结构。

"三环三横四纵"中，"三环"指由环城公园、二环路两侧、绕城高速公路两侧绿带围合形成的三个环状绿化带；"三横"指由沿旅游路—刘长山路、经十路、小清河—工业北路两侧形成的三条东西横向绿色廊道；"四纵"指沿北大沙河、玉符河、大辛河、巨野河两侧形成的四条南北纵向绿色隔离廊带。

"多楔多点多线"中，"多楔"指向城市规划区楔形渗入的山体、湿地等绿色空间；"多点"指以公园、生产等绿地构成的棋盘状分布的城市绿地；"多线"指沿城市道路、铁路、河流等的带状城市绿地。

泉系景观规划结构

泉系景观规划遵循"科学规划，严格保护，统一管理，永续利用"的原则，分泉系保护和泉系景观两部分进行规划。

泉系保护规划提出两个重点保护内容，一是重点保护泉水出漏点及与泉水相关的地下水脉、池、渠、沟、河、湖等；二是重点保护济南南部山区泉水补给区、重点渗漏区。

规划中根据泉水的位置和流向特点以四大泉群为核心，形成"一环两湖四群多带"的泉系景观构架。"一环"指环城公园；"两湖"指大明湖风景名胜区、北湖公园；"四群"指趵突泉泉群、五龙潭泉群、珍珠泉泉群、黑虎泉泉群形成的公园绿地景观；"多带"指小清河，东、西、中泺河和老街巷中的水系形成的以观泉水、赏泉水、游泉水为主的滨水景观。

中心城绿地分类规划

公园绿地规划

城市各级公园绿地布局均衡，合理确定绿地服务半径：①全市性公园服务半径 3000 ～ 5000 米。②区域性公园服务半径 1000 ～ 3000 米。③各专类公园服务半径 800 ～ 1500 米。④社区公园服务半径 500 ～ 800 米。⑤小区游园服务半径 300 ～ 500 米。

生产绿地规划

到 2020 年，规划城市生产绿地面积 1000.5 公顷，其中 493.0 公顷位于建设用地内，本地绿化苗木基本能够自给自足。

防护绿地规划

到 2020 年，防护绿地为 1380 公顷。

附属绿地规划

到 2020 年，附属绿地增加 1634.4 公顷，面积达到 8535.0 公顷，包括居住绿地、单位附属绿地、道路绿地。

节约型园林绿地建设

按照节约型园林绿地的要求，要做到规划设计科学化、绿化建设生态化、资源能源节约化。节地、节水、节能、节力、节材、节财。

◆ **树种规划**

树种规划是城市绿地规划的一个重要组成部分，它关系到绿化建设的成败、绿化成效及绿化质量的高低。

树种资源

济南市植物区系

济南属于暖温带落叶阔叶林区。植被为落叶阔叶林及温性针叶林，其中，中生树种的比例增加，如杨、柳、榆和槐等；针叶林中以油松的比例最大；石灰岩山丘区则以侧柏为主。

现状树种

共有 149 科，1175 种。其中较常见的常绿树 51 种，落叶树 342 种。

规划原则及指标

树种规划遵循尊重自然规律，以本地地带性植物材料为主；速生、慢生树种相结合；抗性强，兼顾观赏价值与经济效益；提高植物多样性，改善城市生态环境等基本原则进行规划。

根据济南自然情况和绿地现状情况，规划树种比例为：①以乔木为主，绿地中乔木与灌木的垂直投影比规划为 7：3。②落叶树与常绿树的植株数量比值规划为 7：3。③速生树种、中生树种、慢生树种的植株数量比值规划为 3：3：4。

基调树种、骨干树种和一般树种的选定

基调树种为雪松、柳树、绒毛白蜡、国槐、法桐、紫薇。

骨干树种为桧柏、白皮松、侧柏、大叶女贞、栾树、五角枫、银杏、

毛白杨、臭椿、刺槐。

一般树种包括乔木、灌木、藤木、地被等。常绿乔木主要有云杉、青杆、蜀桧、龙柏等 19 种。落叶乔木主要有黄山栾、洋白蜡、朴树、柿树、苦楝、榆树等 117 种。常绿灌木主要有大叶黄杨、小叶黄杨、铺地柏等 19 种。落叶灌木主要有月季、石榴、榆叶梅、连翘、丁香、木槿等 110 种。藤蔓植物主要有爬山虎、美国地锦、紫藤、凌霄、葡萄等 38 种。竹类主要有淡竹、箬竹、紫竹、金镶玉竹等 11 种。地被植物主要有红花酢浆草、结缕草、麦冬、二月兰、美人蕉等 106 种。

济南市的市树为柳树，市花为荷花。建议推荐第二市树国槐，第二市花紫薇。

◆ 生物（植物）多样性保护与建设规划

植物资源

济南市植物资源共有 149 科，1350 种和变种，木本植物 350 余种，草本植物 1000 余种，水生植物 60 余种。

生物多样性的保护与建设的目标、指标及规划

目标

生物多样性保护与建设规划以生态系统生态学的理论为指导，逐步建立系统的济南市生物多样性规划，丰富城市绿地生态类型、植物种类，增加植物迁地保护数量和种群，全面提高济南生物多样性保护水平，初步建设稳定、协调的城市生态系统。

指标

到 2020 年，推广 10～20 种；到 2020 年，引种驯化 5～10 种。

到 2020 年，城市中常见园林植物种类（品种）达到 447 种，济南市综合物种指数至少达到 0.5，本地植物指数至少达到 0.7。

规划策略

通过风景区、湿地保护区、水源保护区、森林公园等的保护与建立，有效保护和丰富物种资源。根据不同树种生态特性，建立丰富、结构合理、富于季相变化的园林植物群落。

根据地形、地貌土壤等环境条件，结合现状植被类型及分布状况，划分出主要生态系统类型。重点恢复和保护本地各自然生态系统和群落类型、保护自然环境。

建立绿环、绿带、绿廊等生态廊道，增强与市域大环境的连通性，形成生物通道，增加人工生态系统与自然生态系统间的生态联系。

◆ 古树名木保护规划

济南古树名木共计 2601 株，其中 300 年树龄以上的 671 株，千年树龄以上的 7 株，古树群 15 处。

加强防治措施，对古树名木进行复壮。维护并改善立地生态环境，加强养护管理，改善水肥条件加以复壮，加强病虫害防治，加强维护保护，加大复壮工作力度，如对汉柏、唐槐、九顶松、幸福槐等济南市重点古树名木安排专人养护管理。同时做好古树名木后续资源保护措施。

◆ 防灾避险规划

按照以人为本、因地制宜、合理布局、平灾结合的原则，科学、合理规划城市绿地防灾避险体系，形成一个防灾避险综合能力强、各项功能完备的城市绿地系统。灾害发生时，能有效地缓解灾害损失，适应保障城市安全的需要。

防灾公园规划 23 个，总面积 792.7 公顷，有效避灾面积 475.6 公顷。临时避险绿地规划 74 个，总面积 467.2 公顷，有效避灾面积 280.3 公顷。紧急避险绿地规划 15 个，总面积 16.7 公顷，有效避灾面积 10.0 公顷。隔离缓冲绿带与各种防护林带，以及城市绿化隔离带结合建设。构建绿色疏散通道网络，形成疏散体系，包括救灾通道和避难通道。

◆ **城市绿线控制规划**

划定绿线的区域包括现有的和规划的公园绿地、防护绿地、生产绿地、居住区绿地、单位附属绿地、风景林地、道路绿地；城市规划区内的河流、湖泊、湿地、池塘、山体等城市生态控制区域；城市规划区内的风景名胜区、原生林植被及园林文物、古树名木等规定的保护范围。

◆ **保障实施措施**

从法规性、行政性、政策性、技术性、经济性等方面提出保障措施，确保绿地系统规划的顺利实施。

昆明市绿地系统规划

◆ **背景**

昆明具有丰富的历史文化内涵及动植物资源，冬无严寒、夏无酷暑，被誉为"春城"。城市建设始终树立"绿化和生态是城市第一形象"的理念，2010 年昆明成功获得"国家园林城市"的称号，在此基础上，昆明市进一步提出了建设"森林式、环保型、园林化、可持续发展的高原湖滨特色生态城市"的发展目标。为了更好地实现昆明市生态园林城市的目标，建构昆明"轴向、组团"的空间格局，特编制"昆明城市绿地系统规划"。规划结合昆明地域文化特色，以构建"大生态、大园林"为指导思想，对现状公园绿地质量、服务效率等进行科学评价，完善绿地网络系统，优化绿地空间布局，通过绿地建设任务的具体安排，有效推动城市绿地系统建设工作，提升城市品质和人居环境。

◆ **构思**

规划采用整体协调发展的理念，强调从市域、城市规划区到中心城区的绿化渗透，以形成生态安全、体系完善、布局合理的绿地系统。规划从技术方法、理论研究、特色体现及管理实施等方面，提出应加强滨水、环山生态绿地及带状公园的建设，重视公园服务效率的提升，强化本土特色树种的运用，构建独具"春城"地域特色的绿地系统。

◆ **主要内容**

规划期限至 2020 年，规划范围与昆明城市总体规划确定的范围一致，分为市域、城市规划区和中心城区 3 个层次。

规划市域范围内建立以水源保护区、自然风景区、各类大中型公园、农田、林地等为主的面状绿地；在主要河流、公路、铁路等沿线开辟带状绿地；完善城、镇、村内部的绿地系统，形成区域的点状绿地。将国土绿化与城市绿地系统紧密联系，逐步形成多层次、多类型"点、线、面"相结合的市域绿地系统布局结构。形成城乡一体、城市与自然协调、人与自然共生的市域大环境绿化格局。

在城市规划区构建山水交融，内外呼应，特色鲜明，环境优美的"山－

水－城"的生态绿地格局：划分湿地保护区、水源涵养区、山林生态区、风景协调区4个生态绿地功能区，对自然山水环境进行保护，形成昆明城市独特的生态景观基质；重点建设5条生态隔离带，沿36条出入滇河道两侧规划宽度不少于50米的生态绿化带，形成联系自然与人工的重要生态景观廊道。

规划在中心城形成"三带七廊、六楔三环十二道、十五片百园"的绿地系统结构。分别依托盘龙江、大观河、飞虎河、宝象河、洛龙河、呈贡中央景观河道、捞鱼河等7条入滇河道，形成中心城内部主要的生态绿化廊道；结合昆明的山形水势、历史文化、人文特色确定各公园的主题功能，构建风格迥异、特色鲜明的公园游憩系统；规划期末，中心城区内公园绿地面积将达到5803公顷，人均公园绿地面积13.50米^2/人，万人拥有综合公园指数为0.14，公园绿地服务半径覆盖率为100%，林荫路推广率要达到95%以上。

规划控制其他各类绿地，以满足城市安全、生态不同层面的需求。制定附属绿地的控制指标，满足海绵城市建设需求；规划构筑分层次的植物多样性保护体系，达到丰富城市植物物种多样性的目的。同时强调利用昆明本土植物资源，选用滇朴、云南樱花等作为园林绿化的主要树种，以形成具有地域特色的植物景观。

上海市绿地系统规划

上海市绿地系统规划是按上海城市总体规划确定的规划目标、期限、范围制定的上海城市绿地发展的长期计划。

◆ **历史沿革**

上海建市至 20 世纪 80 年代，没有独立编制的城市绿地系统规划，仅在抗日战争胜利后编制的《大上海都市计划》中提出"计划绿地除布置园林、体育场所及其他游憩地带外，也可安排菜地和农田。在市中区以外（中山环路以外），设 2～5 千米宽的绿带"。当时市中区的绿地，每人仅 0.2 平方米，计划中提到利用环状绿带来弥补市中区绿地的奇缺。在环状绿带内，既可作公园、运动场，也可作农业生产用地。环状绿带向全区域作辐射形扩充，与林荫大道、人行道及自行车道的绿化，以及滨河绿带等形成绿化系统。提出市中心要保持 32% 的绿地和旷地。

在 1952 年编制的城市总体规划中提出发展佘山等风景区的设想。受历史条件和城市综合实力限制，上海城市绿化建设长期处于迁就现状，填空补缺，全局性、系统性不强的状态，城市生态环境质量滞后，与国内外其他大城市相比差距甚大。

20 世纪 80 年代，为配合上海城市总体规划，上海市园林局首次制定了《上海市园林绿化规划》。其中，绿地总体布局、规划目标、规划指标等均被纳入《上海城市总体规划（1981—2000）》。1986 年国务院第一次正式批准该规划。1991 年市政府按照国务院批复意见组织各部门修编各专业规划，1992 年市园林局编制了《上海城市园林绿化修订方案》，1993 年完成《上海城市绿地系统规划（1994—2020）》，该规划成为上海历史上第一个指导园林绿化发展的纲领性文件。

◆ **内容**

上海城市绿地系统规划以生态学理论为指导，按照"城市与自然共存"原则，突破原有城市布局的限制，实施城乡结合，形成以郊区环防护林、滨海林地、滩涂绿化、果园、经济林、风景区为城市外围大环境绿化圈；以河滨绿化、公园、各种特色空间绿化组成的市中心绿化为核心；以道路、河道绿地为框架网络；框架内公共绿地、专用绿地、各种绿色空间合理布置；10 条放射干道绿带、5 大片楔形绿地为绿色通道将新鲜空气导入市区；全市形成中心增绿，四面开花；南引北挡，绿楔插入；路林结合，蓝绿相间；星罗棋布，经纬交织；多功能的、有特色的、多效益的、完整的绿地系统。

上海园林绿化部门在实施规划过程中，先后按照各个五年计划的中心任务和城市发展的需要，配合城市总体规划修编，相继编制了《上海绿化系统实施规划（2008—2015 年）》《上海市中心城公共绿地规划（2002—2020 年）》《上海城市森林规划》等。2011 年上海市规划国土局会同市绿化市容局编制了《上海市基本生态网络规划》，落实土地利用总体规划确定的市域"环、廊、区、源"的城乡生态空间体系，维护生态安全。加快形成中心城以"环、楔、廊、园"为主体，中心城周边以市域绿环、生态间隔代为锚固，市域范围以生态廊道、生态保育区为基底的"环形放射状"的生态网络空间体系。通过基础生态空间、郊野生态空间、中心城周边地区生态系统、集中城市化地区绿化空间系统 4 个层面的空间管控，维护生态底线。

上海市"十三五"绿化规划又指出："十三五"期间，上海围绕中心城楔形绿地、外环绿带、中心城周边生态隔离带及近郊绿环、郊区大型区域型公园建设、永久农田保护等，按照"建设生态宜居城市"要求，建设完善的城市绿色基础设施架构。重点打造"两道、两网、两园"，"两道"指生态廊道、城市绿道，"两网"指城市立体绿化网、郊区农田林网，"两园"指城市公园、郊野公园。

2018年1月4日，国务院批复《上海市城市总体规划（2017—2035年）》，上海城市绿化规划将按照创新、协调、绿色、开放、共享的新发展理念，突出以人民为中心的价值导向，适应未来生活方式转变趋势，提升市民的幸福感，编制新一轮的绿化网络实施规划。

天津市绿地系统规划

1404年，天津开始修筑旧城，这是中国传统规划思想指导下的规划建设。1860年，鸦片战争爆发，西方城市规划思想及方法开始植入天津。通商口岸的设立和租界的划分扩展了天津城市的空间布局。1903年，袁世凯主持"河北新区规划"。1928～1930年，梁思成和张锐制定《天津特别市物质建设方案》（即城市建设规划）。这是天津近代城市规划史上第一部详细、全面的规划方案，尽管方案内容有一定的空想性，却反映当时中国城市规划理论发展的水平与方向，堪称天津城市规划建设史上的重要一页。1945年，抗日战争胜利后，国民政府接收天津，拟定《扩大天津市计划》，提出扩大市区范围、建设卫星城镇、海河下游分段建设工业区、划分功能区等主张。

《天津特别市物质建设方案》共25章，包括天津物质建设的基础、区域范围、道旁树木种植、海河两岸、公共建筑物、公园系统、分区问题、本市分区条例草案和结论等。天津当时有英国、法国、美国、德国、意大利、奥匈帝国、俄国、比利时、日本 9 国租界，20 世纪初，9 国租界总面积是老城区的 8 倍。各租界都是各自规划建设，互不衔接。比如日租界的建筑风格与法英德意等欧洲国家租界全然不同，而中国城区又是传统的中式建筑。梁思成认为，美好的建筑至少应包括 3 点：美术上的价值，建造上的坚固，实用方便。梁思成对天津做了系统考察，得出结论，天津是一座现代化的城市，如果能有全盘规划，租界和华界之间互相贯通，就能解决交通和城市格局问题。梁思成强调应按照"大市"规划，强调天津城市的发展基础有赖于港口（河、海交通枢纽）的变迁，强调要收回列强在津设立的租界，把天津作为统一的整体来系统规划。建议将天津市、县合并，建市废县，统一行政管理。提出天津的前途发展以顺海河往东最为相宜，应将大沽口划入本市范围以内。提出开辟两条林荫大道的破解之道：一条是由天津总站（今天津北站）至河北大经路（今中山路），至金钢桥折而南行，沿海河东岸，直达旧比国租界（今河东区）；其二是由西沽近郊公园越城厢直下，至八里台折而东行，沿马场道，经特别一区至海河西岸。尽管因为历史条件这一规划未及实施，但今天看来，其理念和设计思想仍体现出极大的价值。方案提出，"本法以增进市民之幸福为宗旨"。对于天津这座梁思成寄托太多情愫的城市，曾在国外留学多年的他在方案中美美地打算："春光明媚之时，对对情侣走在绿荫如织的街道上，道边的座椅上一对老夫妻低头看着当天的报纸，身后的草坪中，几个顽皮的孩子在玩着自己喜爱的游戏。"虽然方案因为太多的理想主义以及历史和现实的纠葛，无法完全实现，但毕竟为天津的城市愿景提供了一种可能性。

国务院正式批复的天津 3 版城市总体规划分别为 1986 版、1999 版和 2006 版。1986 版规划提出引滦入津、建设"三环十四射"、建设体院北等 14 片居住区、工业东移战略促进滨海地区快速发展等。1999 版总规确定天津为环渤海地区的经济中心，要努力建设成为现代化港口城市和中国北方重要的经济中心。城市空间布局上，继续深化完善"一条扁担挑两头"的总体结构，形成以海河和京津塘高速公路为轴线，由中心城区、滨海新区及多个组团组成的中心城市。2006 版总规确定天津的城市性质为"国际港口城市、北方经济中心和生态城市"。确定天津的城市职能为现代制造和研发转化基地；中国北方国际航运中心和国际物流中心，区域性综合交通枢纽和现代服务中心；以近代史迹为特点的国家历史文化名城和旅游城市；生态环境良好的宜居城市。规划提出加快中心城区绿地系统建设，改造完善市级公共绿地，重点建设主干道、快速路两侧绿化带和社区级绿地，形成"点、线、面"结合的三级绿化体系。2008 年以来，天津市人民政府编制《天津市空间发展战略规划》，提出"双城双港、相向拓展、一轴两带、南北生态"的总体战略。2014 年，天津市人民政府按照市委十届三次全会做出的《关于加快建设美丽天津的决定》和市十六届人大二次会议审议通过的《天津市绿化条例》要求，决定在全市划定生态用地保护红线，对山、河、湖、湿地、公园、林带等实行永久性保护。牢固树立"绿水青山就是金山银山"的发展理念，正确处理好经济发展与环境保护的关系，充分发挥城市绿地改善生态、美化城市、游憩娱乐、文化承载、防灾避险五大功能，在全市构建"三区、两带、多廊、多园"的生态保护体系，形成碧野环绕、绿廊相间、绿园镶嵌、生态连片的实施效果，促进天津市"南北生态"战略的落实和生态城市定位目标的实现。

为落实《天津市城市总体规划（2005年—2020年）》，实现天津城市定位的需要，构建都市绿化生态体系，实现城市绿化结构性调整的需要，实现城市环境可持续发展的需要，由天津市规划指挥部组织编制《天津市中心城区及环城四区绿地系统规划》阶段性研究成果。该成果提出生态优先、近远兼顾、总体控制、均衡分布的规划原则，这一范围规划用地面积2082平方千米。提出构建完善的都市生态绿地系统，满足市民多层次、均好、易达的游憩需求，创建宜居、优美的城市环境，完善城市综合防灾、减灾体系的规划目标。规划定位于：一水穿城、水绿相依、绿环相扣、绿廊楔入、公园棋布、森林围城的都市绿化体系。提出规划区绿地系统结构为："两轴、三环、五楔、六园"绿地系统。"两条生态绿化轴"，即海河—北运河生态绿化轴和子牙河—新开河生态绿化轴。"三条生态环"，即城市外围生态绿化环：于规划区外围设置1000～2000米林地，形成城市生态保护圈，并起到控制无限度城市扩张的作用；外环线500米生态绿化环：该绿化带起到为中心城区制造新鲜氧气和生态通廊作用，同时降低中心城区城市污染，中心城区生态水环（翡翠项链）：规划通过对中心城区的主要一、二级河道改造，形成以绿水相依的绿化环线。"五楔"，即自城市外围生态环至外环线设置5个大型楔形绿地。楔形绿地连通城市与外围生态涵养区，作为生态涵养区向城市输送新鲜空气的主通道。楔形绿地主要由林地、郊野公园构成。"六园"，即规划结合城市布局，设置具有生态职能的大型公共绿地，与绿色廊道相嵌相连,形成点线串联的网状结构。结合城市生态廊道设置青光、北运河、大兴水库、东丽湖、南八里台、青泊洼 6 个大型城市郊野公园。构建起城市外围生态保护绿地、近郊生态隔离与连接绿地、城区休闲游憩绿地有机融合的三级城市绿地体系。《天津市市容园林"十三五"发展规划》(2016—2020 年)明确提出,到"十三五"期末,全市建成区绿化覆盖率、绿地率、人均公园绿地面积"三率"指标分别达到 40%、35%、12 平方米以上。瞄准创建国家园林城市目标,构建以复合型功能为主体的网络化绿地系统。继续开展《天津市城市绿地系统规划》深化完善工作,按程序完成规划报批。全市每年建设新增各类城市绿地 2000 万平方米以上,全面推进公园绿地、生产绿地、防护绿地、附属绿地、其他绿地等园林绿化工程建设,努力提升城市绿化"三率"指标。进一步改善城市生态品质,增强城市"绿肺"功能和防灾避险应急储备能力,充分发挥园林绿化释养固碳、增湿降噪、滞尘防污的生态作用。

天津滨海重盐碱地绿化

天津滨海新区面积 2270 平方千米,盐化土壤面积为 996.5 平方千米,重度盐化土壤面积为 217.5 平方千米。盐化土地是滨海新区生态用地的基础来源。

天津滨海平原的土壤基本为滨海盐土,其土壤质地黏重,含盐量一般在 0.6% 以上,土体上下含盐量均高,pH 大于 8.0 以上为多。土壤和地下水的盐分组成均以氯化物为主,地下水矿化度在 10 克 / 升以上,地下水位高。滨海重盐碱地指土壤含盐量在 0.4% 以上的滨海土壤,在这样理化性质的土壤上进行绿化必须进行土壤改良和采取综合性绿化措施。综合绿化措施包括抬高地面，更换客土，大水洗盐，设置浅密地下盲管网络排盐排水，明沟排水，铺设阻止地下水上升的隔淋层，选择栽植耐盐碱植物，施用有机肥，施用硫酸亚铁、石膏等。通过这些措施，将 1 米深土层的理化性质维持在土壤全盐含量小于 0.3%，pH 小于 8.0。这个土壤理化性质基本满足了植物生长的条件，避免了盐碱对植物的危害。此外，还要选择耐盐碱植物，主要有：绒毛白蜡、臭椿、杜梨、刺槐、泡桐、国槐、毛白杨、西府海棠、榆叶梅、金银木、连翘、迎春、紫穗槐、柽柳、枸杞、木槿、沙枣等乔灌木品种，以及月季、鸢尾、金鸡菊、萱草、荷兰菊、费菜、粉八宝、野牛草、高羊茅、细叶芒草、狗尾草等地被植物。21 世纪以来，在海湾泥吹填造陆、盐土改良、绿化技术及相关基础研究方面取得了成果，为滨海重盐碱地绿化建设提供了技术支撑。

中新天津生态城绿地规划

2007 年 11 月 18 日，时任国务院总理温家宝和新加坡总理李显龙，共同签署《中华人民共和国政府与新加坡共和国政府关于在中华人民共和国建设一个生态城的框架协议》。中华人民共和国住房和城乡建设部与新加坡国家发展部签订了《中华人民共和国政府与新加坡共和国政府关于在中华人民共和国建设一个生态城的框架协议的补充协议》。协议的签订标志着中国－新加坡天津生态城的诞生。生态城市的建设显示中新两国政府应对全球气候变化、加强环境保护、节约资源和能源的决心，为资源节约型、环境友好型社会的建设提供积极的探讨和典型示范。

生态城坐落于天津滨海新区，东临滨海新区中央大道，西至蓟运河，南接蓟运河，北至津汉快速路，毗邻天津经济技术开发区、天津港、海滨休闲旅游区，地处塘沽区、汉沽区之间，距天津中心城区45千米，距北京150千米，总面积约31.23平方千米。规划居住人口35万，以新加坡等国家的新城镇为样板，建设成为一座可持续发展的城市型和谐社区。总体规划坚持资源利用、生态环境和发展模式可持续的原则，主要包括生态经济、生态社会、生态环境、生态文化等方面内容，突出了生态优先、以人为本、新型产业、绿色交通等特点，形成"一轴三心四片，一岛三水六廊"的空间布局，10～15年完成开发建设。

天津市人民政府于2008年1月组建中新天津生态城管理委员会。中新天津生态城将借鉴新加坡的先进经验，在城市规划、环境保护、资源节约、循环经济、生态建设、可再生能源利用、中水回用、可持续发展，以及促进社会和谐等方面广泛合作。按照两国政府确定的必须依法取得土地、不占耕地、节地节水、实现资源循环利用，有利于增强自主创新能力的原则，选址自然条件较差、土地盐渍、植被稀少、环境退化、生态脆弱且水质型缺水的地区。同时，选址考虑有大城市依托，基础设施配套投入较少，交通便利，有利于生态恢复性开发。中新天津生态城指标体系依据选址区域的资源、环境、人居现状，突出以人为本的理念，涵盖生态环境健康、社会和谐进步、经济蓬勃高效等，建设生态结构合理、服务功能完善、环境质量优良的自然生态系统和协调的人工环境系统。

中新天津生态城尊重地区既有的自然环境，优化城区环境品质，突出和强化"水、绿、城、文"4个方面的主题，采取适宜的生态修复和重建手段，恢复自然水系、湿地和植被，构筑以多级水系、绿色网络为骨架的复合生态系统。生态城绿地系统规划结构以细胞结构为布局参照，规划"生态细胞"的结构模式，形成自我更新、物质交换、能量流动、活力创新的生命体，即"一心一链、一谷一环、五楔辐射、珠落玉盘"的绿地基层结构。其中，"一心"为由蓟运河及故道内侧岸线围合成的绿核，是生态城中心区。"一链"为蓟运河故道两侧"珠串"式布置的绿地和开放空间，是生态城地域属性之所在。"一谷"为生态谷，是生态城起步区最重要的景观廊道，长约11千米，以生态和谐、绿色自然和运动健康为主题，规划建设2公顷以上大型公园7处。"一环"由蓟运河及津汉快速、汉北路和中央大道防护绿地围合而成，是生态城的保护圈层和对外交通圈层。"五楔"为蓟运河故道南侧与海滨沟通的两条生态廊道，蓟运河故道西侧与蓟运河沟通的两条生态廊道，蓟运河故道东侧与滨海休闲旅游区沟通的生态廊道。"珠落玉盘"为渗透于生态社区中的邻里公园和街头绿地体系，将建邻里中心公园13处；以生态社区慢速交通系统为依托，在生态社区中布局街头绿地65处。生态城绿地树种以滨海新区宜栽植物为基调树种，强调耐盐碱植物的应用；采用复式种植方式，建设以乔木为主，乔、灌、地被结合的、稳定安全的群落结构；协调常绿与落叶、速生与慢生树种的合理搭配比例；生态功能与景观效果并重，形成"三季有花、四季常绿"的具有生态城特色的植物生态景观。

为了突出生态特色，建设环境优美、和谐宜居的生态新城，规划坚持生态保护优先的原则，尊重本地自然生态条件，采取适宜的生态修复和重建手段，恢复自然水系、湿地和植被，构筑以多级水系、绿色网络为骨架的复合生态系统。以蓟运河和蓟运河故道围合的区域为生态核心区，建设6条生态廊道，加强生态核心区与外围生态系统的连接，形成开放式的生态空间格局，积极推进区域生态系统一体化。根据天津市城市总体规划确定的生态格局，保留西南侧水系入海口的大面积生态湿地，形成咸淡水交错的复合式水生态系统；预留七里海湿地鸟类迁徙的驿站和栖息地，保障"大黄堡－七里海"湿地连绵区向海边的延续；完整保留蓟运河故道，保障北部蓟县自然保护区通往渤海湾廊道的畅通，形成以河流为脉络的区域生态网络。在生态城内部，沿河道、湿地建设楔形绿地，形成与区域联系的生态廊道；在蓟运河、津汉快速路等河道和对外通道两侧设置防护绿带，为生态城提供生态屏障。结合自行车道系统和步行系统，建立覆盖范围广阔的绿廊系统；构建"水库—河流—湿地—绿地"的多层次生态网络格局，本地植物指数不低于0.7。规划提出，要实施区域协作，加强对蓟运河流域排放控制。采取多种措施，对蓟运河故道和现状污水库水体及底泥进行治理。蓟运河故道及人工河道采用生态岸线，以减少人类对生态环境的干扰。结合现状水系和人工河道，形成自然强化循环、人工强化循环和自循环相结合的水循环系统。因地制宜，采用填土、挖沟排碱、生物改良等方式对盐碱化土壤进行处理，修复滨海滩涂生态系统，建立以本地适生植物为主的植物群落，创造丰富的绿地景观，在盐碱地生态修复与生态建设方面发挥国家级示范作用。与此同时，恢复建设鹦鹉洲和白鹭洲两处鸟类栖息地及永定洲生境演替区。

本书编著者名单

编著者 （按姓氏笔画排列）

丁静蕾	叶 枫	朱春阳	刘文平
刘宏岐	刘 颂	刘 骏	许 朝
阴帅可	杜 雁	李 凯	李炜民
李晓肃	李静波	吴昌广	吴雪飞
张 清	张 媛	张婧雅	陈明坤
卓荻雅	周 昕	赵晓平	聂西省
夏 欣	高 翅	高梦瑶	黄婷婷
章 莉	裘鸿菲	雷 芸	